LOUIS POSZWA

Docteur ès Sciences Économiques, Sociales et Politiques
Aumônier des Polonais
Directeur de la Protection Polonaise d'Amiens

L'Émigration Polonaise Agricole

EN FRANCE

GEBETHNER & WOLFF
LIBRAIRIE FRANCO-POLONAISE & ÉTRANGÈRE
123, Boulevard Saint-Germain
PARIS

1930

L'Émigration Polonaise Agricole

Agricole

EN FRANCE

LOUIS POSZWA

Docteur ès Sciences Économiques, Sociales et Politiques
Aumônier des Polonais
Directeur de la Protection Polonaise d'Amiens

L'Émigration Polonaise Agricole

EN FRANCE

GEBETHNER & WOLFF

LIBRAIRIE FRANCO-POLONAISE & ÉTRANGÈRE

123, Boulevard Saint-Germain

PARIS

—

1930

INTRODUCTION

Il existe déjà une certaine littérature sur le problème de l'émigration polonaise en France. Mais il n'y a pourtant encore rien de spécial sur le problème de l'émigration agricole que nous nous proposons d'aborder ici.

Il est vrai que, dans des publications générales, on peut trouver quelques solutions au problème posé ; mais ces solutions séparées — justes et approfondies parfois sur tel ou tel des éléments visés, ne sont pourtant que partielles. Nous allons essayer d'en donner ici une vue d'ensemble. Nous commencerons par répondre à des questions sur la cause de l'émigration polonaise agricole en général, et sur celle de l'émigration polonaise agricole en France. Cela établi, nous tâcherons de démontrer l'avenir probable de cette émigration, la suivant en quelque sorte dans sa vie quotidienne. Nous verrons ses besoins professionnels, sociaux et religieux, les cadres dans lesquels il lui est donné de se développer. Nous donnerons quelques directives en vue de garantir tant le développement de ce groupe que celui du concours qu'il peut apporter et des services qu'il peut rendre au pays, qui lui a fait bon accueil.

Espérant que ces dernières remarques, fruit de l'expérience vécue au cours des quelques années consacrées à des émigrants, éclairciront quelques points et dissiperont quelques malentendus, nous demandons au lecteur de les lire avec l'esprit de conciliation que l'auteur a mis à les écrire. Se comprendre mutuellement, c'est la moitié de la conciliation réalisée. L'autre moitié peut-être plus difficile, consiste à se pardonner mutuellement les fautes commises, à ne pas conserver des rancunes et à oublier les susceptibilités capables de détruire à la longue l'amitié qui a toujours existé, qui existe et doit exister entre les deux nations : la Pologne et la France.

Puisse cette étude être un pas nouveau vers cette conciliation vraie, réelle et de plus en plus parfaite.

CHAPITRE I

Les causes de l'Émigration Polonaise vers la France

Quand on feuillette les pages de l'histoire des peuples, il n'est pas difficile de constater les mouvements continuels de ces peuples, qui oscillent lentement, d'une manière tantôt réelle mais insaisissable, tantôt plus distincte et plus rapide, comme les vagues d'une mer qui déborde, envahissant les provinces, les pays et parfois même des continents entiers.

Les causes de ces mouvements migratoires, étant très diverses, peuvent pourtant se classer en trois grandes catégories. La première — c'est la cause politique. C'est elle par exemple qui au temps de l'empire romain, a jeté sur ce même empire les jeunes et vigoureuses tribus germaniques.

La seconde ce sont les persécutions diverses, tantôt religieuses, comme, pour ne prendre que des exemples connus, celle des huguenots en France ; tantôt politiques comme celle de la Grande Révolution française, de la révolution bolchevique en Russie, etc.

Le troisième genre de mouvement migratoire, c'est le mouvement causé par des raisons économiques. Ce dernier genre d'émigration, bien que peu nouveau, est pourtant le dernier en date. On quitte le pays d'origine, non pas pour conquérir du terrain, pour fonder ou agrandir un Etat existant, non parce qu'on est persécuté dans son pays pour une raison ou pour une autre ; mais on le quitte tout simplement, pour trouver ailleurs du travail et du pain ou du moins pour y arriver plus facilement. (1)

Pour en venir maintenant à notre sujet sur l'émigration polonaise en France — il faut constater tout d'abord que la France n'a pas pu connaître d'émigration polonaise du premier genre. Mais par contre elle a déjà connu — et nous lui restons reconnaissants de l'avoir si généreusement accueilli — le second de ces genres.

Désespérés par la tyrannie de leurs oppresseurs, quatre fois dans leur histoire, les Polonais se révoltant après le partage de leur pays, saisissaient les armes pour chasser leurs ennemis. Quatre fois massacrés, ils cédaient devant la force. Après chacune de ces révoltes, l'oppresseur s'acharnait davantage. Les bannissements, les confiscations, les arrêts de mort se multipliaient. Ceux qui voulaient échapper à la prison, aux travaux forcés, à la mort, s'en allaient à l'étranger, en Suisse, en Amérique, en Italie, en Turquie et ailleurs.

De ces émigrants politiques et religieux — car il faut le souligner — ces deux éléments étaient toujours inséparablement liés dans l'âme polonaise — la France, pays de la liberté, a reçu le plus grand nombre.

----

(1) En dehors de ces trois genres de migrations, il y en a encore d'autres : par exemple celles causées par le mécontentement des conditions existantes dans le pays, par le désir de connaissances élargies sur le monde, par l'esprit d'aventures, etc. Mais ces migrations, importantes parfois et souvent utiles pour le progrès général de l'humanité ne sont jamais nombreuses, plutôt sporadiques et purement individuelles.

Les années 1795, mais surtout 1830, 1848 et 1863, voilà les grandes étapes de cette émigration.

C'était l'élite du pays qui émigrait, c'est pourquoi, accueillie, elle n'a pas manqué de se distinguer dans la vie littéraire, politique et sociale de sa nouvelle patrie. Les noms polonais sont connus aujourd'hui encore, quelques-uns même sont devenus célèbres.

Tout autre est actuellement l'émigration polonaise en France. Ce ne sont pas les notables de la nation, ce sont les plus humbles. Ceux qui arrivent aujourd'hui arrivent, non pas pour conquérir la liberté, mais pour avoir des moyens d'existence.

Nous proposant de donner ici un aperçu général de ces raisons en ce qui concerne l'émigration polonaise actuelle, nous les diviserons en deux catégories.

Dans la première, nous mettrons toutes les raisons qui provoquent l'émigration en Pologne, dans l'autre les raisons qui, au point de vue d'un Polonais, qui est le nôtre, seront des raisons d'ordre extérieur — notamment pourquoi c'est plutôt vers la France et non vers un autre pays que cette émigration s'est dirigée.

Pour mieux attirer l'attention du lecteur sur les différentes causes que nous allons analyser, précisons d'abord par quelques chiffres généraux ce qu'est l'émigration polonaise. D'après les statistiques fournies par le département consulaire du Ministre des Affaires étrangères de Pologne (1), il se trouvait en 1928, 6.600.350 Polonais qui habitaient en dehors des frontières de l'état polonais. Ces 6.600.350 se répartissaient comme suit : en Europe, le chiffre général était de 2.837.700 et parmi cela le plus grand nombre se trouvait en Allemagne, car il était de 1.100.000 personnes ; ensuite en Russie d'Europe : 650.000 ; en France : 500.000 ; en Lithuanie : 200.000 ; en Tchéco-Slova-

____

(1) Gazeta Waszawska (Gazette de Varsovie) n° du 6/10/28.

quie : 137.800 ; en Latvie 83.000 ; en Roumanie : 56.580 ; dans la ville de Dantzig : 30.000 ; en Hongrie : 17.000 ; en Yougoslavie : 15.150 ; en Belgique 12.600 ; en Danemarck : 12.000 ; en Autriche : 8.000 ; en Angleterre : 5.000 ; en Hollande : 4.000 ; au Luxembourg : 3.000 ; en Esthonie : 1.000 ; en Italie : 980 ; en Suisse : 800 ; en Finlande : 500 ; en Suède : 200 ; enfin un nombre inférieur à 200 en Bulgarie, en Grèce, en Espagne, au Portugal et en Norvège.

En Amérique, il y avait 3.745.150 Polonais et dans ce nombre aux Etats-Unis : 3.500.000 ; au Brésil : 140.000 (dans le seul état de Parana : 120.000) ; au Canada : 72.000 ; en Argentine : 27.000 ; à Cuba : 2.000 ; dans les républiques de l'Amérique Centrale : 1.151.

En Asie, habitaient 18.950 Polonais, dont en Sibérie : 15.000 ; en Chine : 3.000 ; en Turquie : 800 ; en Perse : 80 et au Japon : 70.

Enfin en Afrique, il y en avait 1.250 et en Australie, 300.

Et maintenant après cette longue litanie des Etats de toutes les parties du globe, qu'il nous soit permis de faire une remarque. Cette cinquième partie de la nation polonaise vivant à l'étranger, c'est presque toute la population de l'Autriche, dont le seul fait de rattachement à l'Allemagne pourrait de nouveau faire éclater la guerre universelle. C'est même plus que toute la population de la Suède ou du Portugal, des Etats, qui si peu nombreux qu'ils eussent été ont glorieusement rempli les pages de l'histoire. Ne serait-ce que par son nombre, cette émigration polonaise (1)

----

(1) Selon le dernier recensement, au 1ᵉʳ Janvier 1928, la population de la Pologne était de 30.212.962 habitants, (Voir « La Pologne » N° du 1/11/1928) et la population de l'Autriche 6.700.000 habitants, de la Suède : 6 millions, du Portugal, également 6 millions — Bulletin de Statistique de la S. D. N. (1923).

mériterait déjà bien qu'on s'occupe d'elle, qu'on, s'intéresse à elle, qu'on décrive les causes qui la provoquent, sa vie et ses différents besoins.

I. La surabondance de la main-d'œuvre en Pologne

a) *La densité de la population agricole.*

La Pologne est un pays foncièrement agricole. L'agriculture est l'occupation et le moyen d'existence pour plus de 65 % de la population générale de Pologne. Et c'est pourquoi, ce n'est ni l'industrie, ni le commerce, ni même les petits métiers qui fournissent des masses d'émigrants ; c'est l'agriculture polonaise.

La densité moyenne générale de la Pologne par kilomètre carré n'est pas grande. Elle est même de beaucoup inférieure à la densité générale des autres pays. Commençant par les pays les plus denses d'Europe, la Pologne avec ses 73,4 habitants par km² se place non seulement après la Belgique : (245.3) ; la Hollande : (204.3) ; la Grande Bretagne : (152.8) ; l'Allemagne : (126.8) ; l'Italie : (125.0) mais même après les pays tels que : la Tchécoslovaquie : (97.0) ; la Suisse : (94.0) ; la Hongrie : (85.7) ; et l'Autriche : (79.2). (1)

Malheureusement il faut noter une extrême inégalité de cette densité dans les différentes voïevodies. (2)

------

(1) Weinfeld — Tabl. stat. Polski 1927 p. 3.

(2) La Pologne se divise historiquement et géographiquement en 5 parties : a) Ancien royaume du Congrès avec 5 voïevodies ; b) province de la Grande Pologne avec 2 voïevodies ; c) province de l'est avec 4 voïevodies ; d) province de la Petite Pologne avec 4 voïevodies ; e) province de la Haute-Silésie, 1 voïevodie, ce qui fait le nombre de 17 voïevodies. Le nom de voïevodie (wojewodztwo) correspond au département français, mais, en général, elle est plus grande que lui.

Ainsi par exemple on compte dans la

Voïevodie de la Haute Silésie :	304.5	par	km²
— Lodz	118.4	—	
— Cracovie	114.2	—	
— Lwow	100.6	—	
— Kielce	98.5	—	
— Tarnopol	88.3	—	
— Bialystok	39.9	—	
— Nowogrodek	35.1	—	
— Polesie	20.8	—	(1)

Les différences sont donc si énormes qu'il y a comme nous le voyons, des voïevodies qui sont plus de 15 fois plus peuplées que les autres. Et le seul fait de cette densité si inégale serait déjà de nature à nous apprendre que non seulement le développement rationnel du pays laisse beaucoup à désirer, mais qu'en plus, sinon une émigration extérieure, du moins une migration intérieure, s'impose à certaines provinces.

Et cela d'autant plus si l'on se rend compte du fait qu'à part les deux premières voïevodies industrielles, les quatre autres dans lesquelles la population est de beaucoup supérieure à la densité moyenne générale du pays ne sont pas des voïevodies industrielles mais des voïevodies où l'agriculture constitue la première, la principale des occupations de leurs habitants.

Il apparaît d'une bien curieuse statistique démontrant à partir de 1907 jusqu'à 1921 la répartition de chaque centaine de travailleurs actifs parmi les diverses branches de l'activité humaine, que la Pologne est plus agricole aujourd'hui que ne l'était l'Autriche

---

(1) Annuaire de Stat. de la Répub. Pol. 1924, cit. d'après C. Kaczmarek. Dans certains districts de cette dernière voïevodie, il n'y a même pas 14 habitants par km2, selon Weinfeld — Tabl. stat. 1927, N° 22, les chiffres sont les mêmes sauf celui de la Haute Silésie, qui ne serait que 266 km2.

en 1910, la Suède dans la même année, l'Italie et la France en 1911 — et ce qui est beaucoup plus étonnant — plus même que ne l'était la Russie il y a 25 ans... (1)

Ceci est d'autant plus fâcheux que la quantité de sol arable de la Pologne ne se maintient pas du tout dans la même proportion et n'atteint seulement que 48,6 %.

Ce qui fait qu'elle est à peine supérieure à celle de la Belgique (40,5 %), de la Tchécoslovaquie (42,1 %), de la France (42,2 %), de l'Italie (42,7 %), de l'Allemagne (43 %), et même inférieure à celle de la Hongrie (58,9 %), et du Danemark où elle s'élève à 61 %. (2)

De ces deux constatations, il est maintenant très facile de conclure à un surpeuplement de la campagne polonaise, les chiffres le démontrent d'ailleurs avec une âpreté déconcertante. Car si, par exemple, sur un kilomètre carré de ce sol ne vivent en France que 31 personnes, en Allemagne 33, au Danemark, 34, ce chiffre s'élève en Pologne à une moyenne de 45 personnes.

Et dans la province de la Petite Pologne où le pourcentage du sol arabe est encore inférieur à celui de la Pologne en général, (3) on compte une moyenne de 78 personnes par kilomètre carré. Mieux encore, les districts purement agricoles de cette province, comme par exemple ceux de Tarnow et de Przeworsk en comptent de 125 à 140 par kilomètre carré (4).

Ajoutez à cela une culture bien rudimentaire, les

---

(1) Weinfeld. Tabl. stat. Polski 1927 p. 38, d'après : Statistisches Jahrbuch f. d. Deutsche Reich 1924-1925 (1926). Cette statistique considère les pays dans leurs frontières d'aujourd'hui.

(2) Weinfeld Tabl. stat. Polski 1927, p. 39, d'après : l'Annuaire Internatl. de Stat. Agric. 1924-25.

(3) 48, 6 % pour la Pologne et 48,4 pour la Petite Pologne.

(4) Ludkiewicz, Kwestja rolna w Galicji. Lwow 1910.

divisions innombrables en petites fermes rachitiques, morcelées, la perte du sol en des bornes sans nombre et inutilisables, des dommages que l'on se fait mutuellement, et on aura à peu près une idée de ce que peut être une parcille campagne polonaise, débordante, mouvementée, bien loin d'être suffisante pour fournir du travail et du pain à ceux qui le lui réclament.

b) *Structure défectueuse de l'agriculture polonaise.*

La cause précédente de la densité de la population rurale polonaise trouve son complément dans la structure agraire défectueuse.

Cette défectuosité provient de faits divers tels que les servitudes qui, greffées sur des propriétés nombreuses, gênent leur utilisation et leur rendement ; les possessions, appartenant en commun à des groupes de propriétaires de villages différents ; les terres mal réparties, ou morcelées d'une façon exagérée — et enfin, les fermes trop petites et économiquement insuffisantes pour nourrir les familles qui les cultivent.

En ce qui concerne cette dernière anomalie, il est à noter que la fertilité du sol polonais, à quelques exceptions près, n'est que moyenne. La population agricole polonaise par contre, bien qu'habituée à un train de vie très simple, est pourtant très prolifique. 4 à 6 enfants par famille, c'est encore une règle presque générale.

Pour occuper et nourrir cette famille, il faudra des unités de fermes d'au moins 6 hectares par famille. (1)

---

(1) Ce chiffre est donné aussi par M. Grabski, économiste et ancien ministre de Pologne. D'autres, comme l'Abbé C. Kaczmarck, influencé par Buchenberger, fixent le minima établi de 2 à 10 hectares, ce qui nous paraît exagéré. Les chiffres fournis par Buchenberger pour l'Allemagne ne nous paraissent pas non plus s'adapter très bien au cas de la Pologne. Le premier de ces chiffres ne serait par exemple suffisant que pour : 1) une

Malheureusement la réalité était si différente qu'encore en 1921, il y avait en Pologne 63,5 % — soit 1.922.300 fermes qui ne dépassaient pas 5 hectares. (1) En supposant que dans chacune de ces fermes ne vit qu'une famille de quatre enfants et en y ajoutant le 23,3 % de la population agricole complètement privée de terre, nous obtenons facilement plus de 10 millions de travailleurs pour lesquels la besogne est bien au-dessous de leurs forces.

Et c'est ainsi qne nous arrivons à des chiffres dérisoires de journées de travail par an qui, dans la province de la Petite Pologne n'atteignent que 88. Si on voulait se contenter de ces travaux fournis par la ferme, il y aurait en moyenne pour chaque travailleur agricole de la Petite Pologne 277 jours par an de repos et de chômage forcés.

Heureusement, ou malheureusement, il est toujours vrai qu'on ne peut pas vivre les bras croisés — c'est une nécessité à laquelle on ne peut se dérober. C'est pourquoi, si le travail manque sur place, on sera obligé de le chercher, même bien loin, s'il le faut.

---

famille très peu nombreuse, bien au-dessous de la famille polonaise ; 2) et à condition que le sol soit extrêmement fertile et mis en valeur par tous les moyens de la technique et de la culture rationnelle, ce qui n'est pas le cas de la petite culture polonaise.

Au contraire, le chiffre de 10 hectares avec un sol de fertilité moyenne, ne nous paraît pas nécessaire comme minima. Et s'il existe parfois comme en Allemagne, c'est peut-être parce que le sol à une fertilité bien au-dessous de la moyenne supposée par nous, ou encore parce que les besoins du paysan allemand sont plus élevés et plus divers, par conséquent plus difficiles à satisfaire que les besoins du paysan polonais.

(1) Weinfeld, Tabl. stat. Polski, p. 42, Varsovie, 1927.

c) *État rudimentaire de l'agriculture polonaise.*

Certes, ce n'est donc pas faute de main-d'œuvre que cette culture dans beaucoup de voïevodies reste si primitive et si négligée ; ce qui manque le plus ce sont les capitaux.

Le petit paysan polonais et sa nombreuse famille ont peine à vivre sur leur lopin de terre. Pourrait-on leur demander de se procurer en plus des produits chimiques, des engrais, des machines ? Cela rapporterait, répondra-t-on ; le rendement serait meilleur et couvrirait les frais, sans doute ! Mais le premier capital lui-même est difficile à trouver.

Cette raison, quoique n'étant pas unique, est pourtant si exacte, que plus les petites fermes rachitiques abondent, plus la culture reste primitive : à tel point que dans la province de la Petite Pologne par exemple, où elles sont le plus nombreuses, la consommation des engrais n'était avant la guerre de 25 kilos par hectare, tandis que pour le Royaume du Congrès, second quant à leur nombre, elle était déjà de 42, et dans la province de la Grande Pologne, où ces fermes sont le moins abondantes, elle atteignait 200 kilos par hectare (1).

Bien entendu, le rendement était nécessairement en proportion inverse.

Ne prenons que les deux provinces de l'Est et de la Grande Pologne, par exemple. Nous y voyons, que le même hectare de terre peut produire dans la première 9,8 quintaux de froment, 7,8 quintaux de seigle, 8 quintaux d'orge et d'avoine et 67,4 quintaux de pommes de terre — tandis que le même hectare de terre dans la seconde produit dans le même temps 20,8 quintaux de froment, 17,2 quintaux de seigle, 20,2 quintaux d'orge, 18,1 d'avoine et 144,3 quintaux de pommes de terre,

____

(1) Guide du Commerce mondial. Tome Pologne p. 110.

ce qui, en général, porte à plus du double la production comparée à celle de la province précédente. Pour la province de Petite Pologne, cette proportion n'est pas beaucoup meilleure que pour celle de l'Est.

Certes, on ne peut prétendre que la fertilité du sol soit exactement égale dans ces trois provinces, mais il n'est que trop évident — qu'au moins en majeure partie, cela tient à ce que cette culture est pour deux d'entre elles très rudimentaire.

Ayant examiné d'une façon assez sommaire les trois grandes causes de l'émigration agricole polonaise, nous passerons maintenant à des causes plus générales. Elles sont moins spécifiquement agricoles. Quelques-unes d'entre elles seront même assez éphémères mais ayant à expliquer le mouvement de la population agricole polonaise vers la France, lequel n'a commencé qu'après leur apparition en Pologne, il serait bien inexact de les passer sous silence. Et cela, d'autant plus que, comme nous le verrons bientôt, leur influence n'est que trop évidente.

d) *Accroissement naturel.*

Dans ce nouveau groupe de causes, il y en a d'abord une qu'on peut avec toute certitude appeler la principale, la plus importante : c'est l'accroissement gigantesque de la population polonaise.

Il fournit à l'Etat polonais chaque année une moyenne de 450.000 nouveaux citoyens. Etant de 16 0/00 il est un des plus importants en Europe. Et en effet, il dépasse non seulement celui de la France (1,8), de l'Angleterre (6,1) ou de la Belgique (6,5) — mais même celui de l'Allemagne (9,7), du Danemark (10,4) et de l'Italie (12,9). (1)

---

(1) Statistique donnée d'après Szawleski, Kwestja emigracyjna w Polsce p. 169, Varsovie 1927.

e) *Destruction et désorganisation de la guerre.*

La Pologne, plus qu'aucun autre pays du monde, a souffert de la guerre. Tout le long de son territoire s'étendaient les tranchées des divers camps ennemis. Dès les premiers jours des hostilités jusqu'à l'armistice, ses campagnes n'ont pas cessé un seul jour d'être le terrain de batailles acharnées. Les grandes armées allemandes, autrichiennes, hongroises et russes la traversaient sans cesse. Tout ce qui était utilisable était réquisitionné, les machines comme les hommes, les denrées comme les bestiaux. La rapacité des Allemands était telle que n'ayant plus rien à prendre, ayant tout détruit, ils n'ont même pas ménagé la terre polonaise. On se rappelle encore aujourd'hui les wagons chargés de terre noire qui s'en allaient en Allemagne fertiliser les sables prussiens.

Des provinces entières changèrent plusieurs fois de possesseurs. Certains districts passèrent même dix fois de mains en mains. Ce qu'avaient laissé les confiscateurs était détruit par les obus. Et tel était le sort de 70 % du pays.

f) *Réémigration après la guerre.*

La Pologne, une fois ressuscitée, des milliers de Polonais revenaient de partout. Ayant appris qu'un État polonais — leur État — avait surgi, ils se dirigèrent vers lui comme vers une terre promise.

Et c'était encore une nouvelle cause d'émigration que cette attraction prodigieuse qu'exerçait sur tous les Polonais exilés leur nouvelle patrie.

Ils arrivaient de toutes parts, de Russie, d'Allemagne, d'Autriche, d'Amérique. Sauf ceux qui venaient d'Amérique, les autres étaient pour la plupart de misérables épaves, sans ressources, sans logement. Il y avait des villes où les habitants après quelques années d'absence ne retrouvaient même plus dans les ruines, l'emplacement de leur maison. Malades ou exténués, ces « revenants » étaient, de plus, incapables de reprendre aucun travail.

Pourtant déjà les sept premières années de l'indépendance, c'est-à-dire les années de 1918 à 1924 en ramènent 1.379.426. (1)

C'est ainsi que devant le pauvre Etat à peine né, s'est posée une des tâches les plus difficiles. Dans le doute de lui voir surmonter toutes les difficultés, on a commencé par lui prêcher ouvertement sa fin.

Le génie de la nation n'était cependant pas abattu. Libre, l'âme polonaise, endurcie par le temps de son esclavage, avait une résistance d'acier. Ayant compris qu'elle ne pouvait compter que sur elle-même, elle fait un effort presque surhumain. Et c'est de ce suprême effort qu'est sorti l'Etat lui-même. L'ordre, le redressement, la monnaie saine et forte ont achevé ensuite l'œuvre de résurrection. Et cet effort, cette résurrection, ont valu à la Pologne l'admiration, la confiance et enfin les bourses du monde.

Le pays renaît aujourd'hui et la prospérité lui revient. Par suite, l'émigration diminue. Cessera-t-elle complètement un jour ?

____

(1) Bulletin de l'Office d'Emigration Nᵒˢ 9-11, 1925 p. 28. Ce chiffre n'est nullement exagéré, car à ces réémigrants enregistrés, il faut ajouter ceux qui n'arrivaient que par la « frontière verte ».

II. Les possibilités de location de la main-d'œuvre
en Pologne

Après avoir décrit les causes de l'émigration polonaise, nous tirerons maintenant des conclusions et nous établirons quelques pronostics sur son avenir probable.

On peut dire d'une façon générale que cette émigration se ralentirait et cesserait d'elle-même, si les causes d'ordre intérieur et extérieur, qui la produisent venaient à diminuer d'intensité ou à disparaître.

Nous reparlerons des causes d'ordre extérieur quand nous aurons à voir les besoins de la France en matière d'immigration.

Arrêtons-nous pour l'instant aux causes d'ordre intérieur. On peut distinguer parmi celles-ci des causes temporaires et passagères, qui n'ont agi qu'un temps relativement court et à titre exceptionnel alors que plusieurs autres sont appelées à exercer longtemps encore leur influence.

a) *La disparition des causes passagères.*

A la première catégorie des causes passagères appartiennent d'abord les destructions et les désorganisations de la guerre ; ensuite, les nombreuses poussées de réémigrants et de rapatriés et enfin l'inflation monétaire, etc.

Sans nier toute leur portée et leurs graves répercussions sur la vie économique du pays, nous devons cependant reconnaître que ces conditions générales changent et s'améliorent en Pologne. Personne n'ignore en effet que depuis plusieurs années déjà, le change polonais est équilibré, la monnaie assainie, que les destructions causées par la guerre ont presque disparu et disparaissent chaque jour davantage, qu'enfin ces masses de réémigrants et de rapatriés, si nombreuses dans la période d'après-guerre, ont fini, elles aussi, par cesser complètement.

En un mot ,la vie de la Pologne devient de plus en plus normale et rassurante.

b) *L'arrêt de l'accroissement naturel.*

Quant à la seconde catégorie des causes, nous commencerons par citer l'accroissement naturel de la population polonaise, que nous considérons comme une cause importante entre toutes.

Or, nous avons déjà observé que cet accroissement de la population polonaise, à part celui de la Hollande, est le plus fort des accroissements naturels de l'Europe. S'appuyant sur cette vérité bien évidente, M. Szawleski (1) donne comme certain que dans les conditions normales, la population de la Pologne devrait nécessairement doubler en 47 ans. Le même sol qui en 1928 nourrissait 30 millions devrait en nourrir 60 en 1975. Pareille proportion gardée pour la densité moyenne par kilomètre carré, en 1975 elle serait alors en Pologne de 140 habitants.

Mais avec la population actuelle, la Pologne envoie chaque année plus de 100.000 personnes à l'étranger. Supposons pour l'instant que les diverses améliorations de la Pologne, sa réforme agraire, son industrie et son commerce lui permettent d'absorber cet accroissement naturel dans les proportions où elles le font aujourd'hui, ce qui n'est pas une petite affaire, il restera toujours pour l'émigration une part appréciable. Et si, comme cela peut arriver, ces diverses amélio-

---

(1) Op. Cit. p. 170.

rations ne réalisent pas ce qu'on attend d'elles ? La vague émigrante grossira chaque année. Trouvera-t-elle l'échappement nécessaire ?

Voilà de graves questions auxquelles une sérieuse étude pourra seule fournir quelques réponses.

Et pour donner à cette étude notre petite part, nous passerons en revue les principaux remèdes à apporter à ce mal de l'émigration, qui se dresse toujours inéluctable.

Et d'abord, y a-t-il des palliatifs à proposer devant l'accroissement naturel de la population polonaise ?

La restriction des naissances, prêchée par les adeptes du malthusianisme, est souvent déjà mise en avant. En profitera-t-on en Pologne ? Cela est peu probable, au moins dans un avenir immédiat. Le niveau intellectuel du paysan polonais, le besoin des enfants dans les campagnes, et surtout les convictions profondément catholiques de cette population opposent une sérieuse barrière aux théories malthusiennes. Les naissances en Pologne seront donc encore longtemps nombreuses. Un léger fléchissement est observé (1) il est vrai sur ce terrain. Mais ce fléchissement dû sans doute à une infiltration contagieuse des tendances générales de l'Europe est insignifiant et ne changera rien aux conditions générales.

Il faut donc chercher ailleurs le remède au mal qui nous préoccupe.

c) *Le perfectionnement de la culture agricole.*

Serait-il dans le rendement meilleur à obtenir du sol cultivé ?

Il est bien évident qu'aujourd'hui l'Europe entière

____

(1) Ainsi, par exemple avant la guerre, cet accroissement qui était pour la province de la Grande Pologne de 18,1 0/00 et pour les autres provinces de 16 0/00 était pour la Grande Pologne en 1922, 16,5 0/00 et en 1923, 16,7 0/00.

pour ne pas dire le monde entier, ressent de plus en plus l'importance des denrées alimentaires. D'où cette préoccupation partout marquée pour l'agriculture qui aboutit, par exemple, à l'élévation des droits de douane en Allemagne et en Tchécoslovaquie en vue de favoriser le développement de l'agriculture nationale ; aux projets de nationalisation du sol en Angleterre ; aux soins qu'on apporte à la création ou au développement du crédit agricole, aux cartels agricoles et à diverses sociétés, aux moyens les plus divers, tendant à élargir la superficie du sol arable ; enfin, à toutes les mesures d'ordre financier, social, politique même, qui vont à favoriser l'immigration agricole.

Que ces tentatives trouvent aussi un écho en Pologne, ce n'est que trop naturel. Comme nous l'avons démontré plus haut, la Pologne étant par excellence un pays agricole, a tout intérêt à s'avancer dans cette voie du développement agricole.

Son apport à la production agricole mondiale est d'ailleurs déjà bien appréciable. Ainsi, par exemple, pour l'année 1924, qui était pourtant une année de mauvaise récolte pour la Pologne, sa production de pommes de terre était les 16,4 % de la production totale du monde, la plaçant, après la Russie et l'Allemagne, à la tête de tous les autres pays producteurs. La production du seigle atteignait 10,2 % de la production mondiale et celle de la betterave, 5,3 % (1). Ceci d'ailleurs est vrai que les produits agricoles atteignent déjà presque tous les marchés de l'ouest européen, même les plus éloignés comme l'Angleterre ou la France. Les voisins les plus proches commencent même à se défendre contre la concurrence polonaise : l'Autriche, la Tchécoslovaquie et surtout l'Allemagne, avec laquelle le traité de commerce ne peut aboutir à

---

(1) The International Year Book of Agric. Stat. for 1924-1925.

cause précisément de cette exportation agricole polonaise, considérée par l'Allemagne comme un danger pour son agriculture nationale.

Favorisée par son climat, la fertilité du sol et par la main-d'œuvre abondante, qui n'est que trop attachée au sol, cette branche de l'activité polonaise est pleine de promesses pour l'avenir.

Certains progrès se remarquent dès maintenant sur ce terrain.

Les funestes conséquences de la guerre n'ont pas encore disparu, et déjà en comparaison avec les années d'avant-guerre, pour le rendement du seigle par exemple, l'amélioration des années 1921-1925 montre un excédent de 1,8 % ; pour les pommes de terre, de 23 % (1). La culture devient plus rationnelle, le nombre de sociétés pour l'exploitation agricole, le nombre des écoles agricoles augmente chaque année. La seule Ecole Supérieure de l'Exploitation Agricole, en 6 années, arrive à doubler le nombre de ses élèves, qui de 476, pendant l'année scolaire 1918-19 passent à 787 en 1920 et à 929 en 1924 (2).

Nous avons vu précédemment que le rendement du sol polonais, loin d'atteindre son maximum, ne représente vraiment qu'à peu près la moitié de ce qu'il pourrait produire. Il est également vrai que l'intensification de la culture triplera la main-d'œuvre nécessaire.

Serait-ce là le remède efficace contre l'émigration polonaise ? Nous ne le pensons pas, au moins quant à un avenir prochain.

Ces améliorations, quoique réelles et importantes n'atteignent pas les proportions exigées par l'accroissement naturel de la population polonaise.

------

(1) Cette comparaison est faite avec les années 1909-1913.
(2) Weinfeld, op. cit. p. 30.

De 1910 à 1925, on évalue à environ 5 % l'accroissement de la population. Or, pendant la même période, sauf les améliorations signalées du rendement du seigle et des pommes de terre, la production ne s'est pas accrue au contraire pour les autres céréales.

Il y a même pour le froment une régression de 6,4 % sur le rendement d'avant-guerre. Pis que cela. Cette régression, causée par la guerre, se rencontre actuellement encore dans toute l'étendue du sol cultivé, qui, pour la même période était en 1925 inférieure de 10 % à la superficie cultivée en 1909. Ce qui fait dans l'ensemble une diminution de 22 % pour le froment, de 9 % pour le seigle et de 0,4 % pour les pommes de terre.

La même régression peut être observée sur les autres points. C'est ainsi que grâce aux prohibitions répétées de divers Etats, les entreprises de distillation des produits alcooliques ne représentent qu'un tiers de son chiffre d'avant-guerre. La production du sucre, qui constitue aujourd'hui la moitié de l'exportation polonaise, ne représente plus, de son côté, que 90 % de sa production d'avant-guerre.

Les bas prix des produits agricoles, les destructions de la guerre avec sa désorganisation, surtout une insuffisance de crédit à long terme, font donc que des améliorations suffisamment remarquables ne se produiront que lentement en matière agricole.

d) *La réforme agraire.*

Comme la réforme agraire a été bien souvent présentée en Pologne, comme un remède classique non seulement suffisant, mais presque unique contre l'émigration, nous dirons quelques mots sur elle, d'abord en elle-même, ensuite dans ses principaux pendants,

tels que la colonisation et l'utilisation des terres en
friche.

La réforme agraire est devenue obligatoire pour la
Pologne le 15 Juillet 1920 et par disposition exécutive
en date du 28 décembre 1925. Elle admet comme indi-
visibles trois unités de fermes privées : la première
de 60 hectares, dans les régions industrielles, de 180
dans les autres régions et de 300 hectares dans les
voïevodies de l'Est, pour celles des propriétés privées
qui étaient entre les mêmes familles depuis 1795, date
du premier partage de l'ancien Etat polonais.

D'après les calculs du Ministère des Réformes Agrai-
res de Pologne, la disponibilité du sol ainsi obtenue
s'élèverait à 3 millions d'hectares, dont deux tiers pro-
viendraient de la propriété privée et un tiers de la
propriété publique (1). Celle-ci composée des domaines
propres de l'Etat et des domaines de l'Eglise, grâce
au Concordat consenti par elle.

Par dispostition du sol obtenu, la loi entend satisfaire, par les terres de la propriété publique, les besoins ressentis, à organiser des écoles agricoles ou des
fermes modèles ; à fournir du sol à ceux qui l'ont
mérité par leur conduite pendant la guerre, aux inva-
lides ainsi qu'aux ouvriers des grandes villes en
leur établissant des jardins, des colonies, etc. Seule,
la provision née des propriétés privées serait attri-
buée aux déshérités de la terre et aux fermiers
ne possédant que des quantités insuffisantes, en
général, au-dessous de 5 hectares. La priorité serait
d'ailleurs toujours accordée aux anciens travailleurs
du domaine ainsi réduit, et cela afin qu'ils ne soient pas

---

(1) Ludkiewicz, art. Ustawa o wykonaniu ref. rolnej : w
Czasop Ruch Praw Ekon. i Social. — 1925, Kwart IV, selon
les autres, par exemple prof. Brzeski, cette quantité ne serait
que 1,9 million pour la propriété privée et 0,6 million pour la
propriété publique.

privés de travail et de pain et qu'ils ne grossissent pas ainsi les rangs des nouveaux chômeurs forcés. Dans le cas où les anciens travailleurs du domaine divisé n'auraient pas voulu profiter de cette priorité, une gratification leur sera due, constituant une moyenne de 500 zlotys par travailleur.

Après ces travailleurs, la situation privilégiée est réservée aux gens du pays du domaine divisé, et aux fermiers les plus proches dont les propriétés n'atteignent pas ces 5 hectares prescrits par la loi. Les autres habitants viennent ensuite.

Déjà de cette brève description, il n'est pas trop difficile de tirer des conclusions concernant les résultats de cette réforme, résultats modestes à coup sûr, et parmi lesquels il y en aura de bons et de mauvais.

Parmi les bons résultats de la réforme agraire, on cite avant tout le bénéfice qu'en tirera la culture. La même terre, dit-on, nourrira une population près de trois fois plus nombreuse que celle qui était nourrie par les domaines indivisés. Ensuite, fournissant du pain, cette réforme procurera de la besogne, remédiant directement par là d'une manière importante à l'émigration.

Par contre, cette réforme sera excessivement onéreuse pour l'Etat qui s'est proposé de l'entreprendre, puisqu'il faut faire entrer en ligne de compte les remboursements pour l'expropriation effectuée, les gratifications accordées aux travailleurs congédiés, l'entretien de l'organisme chargé de cette réforme, les subsides accordés, les prêts consentis, etc., etc., toute cette litanie de frais, qui, comme on l'a déjà calculé, s'élèveront à des centaines de millions de zlotys.

Et ceci pour des résultats, hélas ! inférieurs à ceux qu'on en attendait. Les premiers partisans de la réforme se sont aperçus eux-mêmes bien vite, en effet, que ce remède n'est que relatif. Au lieu de satisfaire tous les ayants-droit, de compléter toutes les propriétés rachitiques, il ne sera capable que de combler une partie — 30,8 % de la totalité des demandes, soit un tiers à peine. Il n'y aura qu'une seule voïevodie de Polésie où toutes les demandes pourront être satisfaites et où l'on obtiendra quelques terrains pour la colonisation (32 %). Dans toutes les autres voïevodies, les disponibilités sont bien au-dessous des demandes qui pourraient être faites. Ces disponibilités vont de 60 à 80 % pour les voïevodies de l'est et de l'ouest, tandis qu'elles ne sont que de 15,3 % dans la voïevodie de Lodz, de 11,2 % dans la voïevodie de Lwow, de 8,5 % dans celle de Kielce et de Stanislawow, et seulement de 3,8 % pour la voïevodie de Cracovie (1).

Ensuite, telle qu'elle est aujourd'hui cette réforme ne promet pas beaucoup de résultats parce qu'elle est trop lente. Le nombre légal d'hectares destiné chaque année à être divisé est de 250.000.

Or les statistiques nous montrent qu'en moyenne la réforme n'a atteint jusqu'ici que la moitié de ce chiffre.

En supposant que dans l'avenir ce nombre d'hectares soit à peu près le même, pour ces 2 millions d'hectares de sol soumis à la réforme, il ne faudrait pas moins de 20 ans pour qu'elle soit complètement réalisée. Laissant de côté les fermes rachitiques à suppléer et ne prenant que les nouvelles fermes à constituer de 6 hectares chacune, cela ne ferait jamais plus de 17 à 20.000 fermes. Supposons maintenant une famille de quatre enfants devant vivre de ces fermes, cela ne donnera jamais plus de 100.000 à 120.000 personnes. Et nous savons que l'accroissement naturel est de 450.000 personnes en moyenne par an.

----

(1) Brzeski, art. « walka o reforme rolna » Ruch Praw. Ekon i Socjologiczny Kwart 1-2-1926.

Il est vrai que cet accroissement doit se répartir aussi en dehors de l'agriculture, sur les autres branches de l'activité économique du pays. Mais celles-ci seront-elles plus heureuses que l'agriculture qui, occupant habituellement 65,6 % de la population générale, devra utiliser près de 300.000 personnes au lieu de 120.000 ?

La conclusion à peu près certaine de ces considérations est qu'il ne faut pas attendre de la réforme agraire des résultats énormes.

Ajoutée aux autres remèdes, elle pourra sans doute atténuer l'émigration polonaise, elle ne la tarira pas.

c) *La colonisation.*

La colonisation est le second moyen souvent préconisé quand il s'agit d'empêcher l'émigration. Quelle est la valeur réelle de ce remède ?

D'après ce qui a été dit sur la réforme agraire, il est permis d'envisager dès maintenant les possibilités de la colonisation. Nous savons déjà en effet que la voïevodie seule de Polésie, possède des terres disponibles pour cette colonisation .

Mais à ces 32 % de la voïevodie de Polésie pourront s'ajouter d'autres terres, qui, n'étant pas en culture aujourd'hui, pourraient être utilisées demain. Ces terres, ce sont des pâturages vierges, des terres en friche et des marais. On en compte ensemble dans les seules voïevodies de l'est 4.281.600 hectares. Et si on leur ajoute les marais forestiers, on obtiendra facilement 5.000.000 d'hectares de sol.

Ces chiffres sont tellement près de la réalité que dans certains districts de la voïevodie de Polésie, cette proportion des terres inutilisées s'élève jusqu'à 65 % de la superficie totale. Et cela ne peut étonner personne, si on se rappelle que cette voïevodie ne compte comme densité de population que 25 personnes par kilomètre carré.

Supposons maintenant que de ce chiffre global d'hectares la moitié soit employée à compléter les fermes insuffisantes ; il ne restera pas moins de 2.500.000 hectares qui pourraient être transformés en des fermes dont le rendement pourrait assurer du travail et du pain à des milliers de nouveaux travailleurs.

La terre est fertile et pour peu qu'on l'améliore, le rendement est double ou triple en quelques années. Les statistiques de la station expérimentale de Sarny (voï. de Polésie) nous disent en effet qu'au lieu de 10 quintaux de foin des prairies vierges, le même hectare de terre améliorée leur a fourni 100 quintaux de foin, 400 quintaux de pommes de terre et 900 quintaux de choux. Ce qui fait qu'une ferme de 4 hectares pourrait suffire aux besoins d'une famille. Ne prenons que 6 hectares comme une unité suffisante, mais même alors ces améliorations fourniraient plus de 400.000 fermes. Ce chiffre multiplié par 6, comme nombre d'une famille moyenne, nous donnerait à peu près le chiffre de 2.500.000 personnes, qui sans aucune gêne, pourraient s'installer et vivre convenablement sur le terrain ainsi reconquis.

Tout ce que l'on peut pourtant objecter à ces pronostics si consolants, c'est que malheureusement pendant longtemps encore ils seront irréalisables, et que si la réforme agraire est trop coûteuse, ces améliorations le seraient encore davantage. Ici encore d'ailleurs le manque de capitaux se fait sentir, et malgré tous les efforts du gouvernement et des diètes communales, qui créent ou subventionnent le Bureau des améliorations, la Banque agricole et d'autres sociétés de ce genre, les réalisations heureuses restent lointaines.

Il faudra donc se contenter d'une plus simple réforme, beaucoup plus sûre, plus facile à réaliser et moins coûteuse.

Malheureusement, les résultats de cette réforme ne seront pas très importants.

f) *L'industrialisation du pays.*

Ayant parcouru les possibilités de location de la main-d'œuvre polonaise surabondante dans l'agriculture, nous passerons maintenant aux possibilités ouvertes par l'industrie.

D'habitude, c'est un tuyau d'échappement des plus efficaces et des plus expérimentés. C'est ainsi, par exemple, que l'Allemagne qui pendant toute la seconde moitié du XIX° siècle, a eu la natalité la plus forte du monde, grâce à son industrie puissamment croissante, non seulement n'a pas été obligée de recourir à l'émigration, mais a reçu chaque année au contraire, comme pays d'immigration des centaines de milliers de travailleurs étrangers. C'est ainsi encore que la Belgique, qui se peuple toujours largement reçoit elle aussi, chaque année, quelques milliers de travailleurs étrangers.

Voyant ces deux exemples et, ayant pris en considération, comme nous l'avons déjà montré, que la densité polonaise n'est que relativement faible comparée à celle de ces deux pays, l'avenir de l'émigration apparaîtrait bien consolant. Est-il vraiment tel ?

Il est à noter qu'en général l'industrie polonaise a réalisé et réalise un progrès remarquable. Car si l'on indique la production de l'année 1925 par 100, déjà la production générale de 1927 s'élèvera à 136 et celle des forges à 180.

Malheureusement nous ne savons que trop que ce progrès tout remarquable qu'il est n'a pas empêché l'émigration de continuer et de s'accroître.

Est-ce que l'avenir sera plus heureux sur ce point ? Il est assez difficile de donner une réponse trop affirmative. Mais ce qui est certain, c'est que, pour que cette industrie progresse, il lui faudra s'assurer des capitaux, qui pourront lui permettre de tenir le niveau nécessaire des investissements et des débouchés.

Pour ce qui est de l'écoulement des produits à l'intérieur du pays, ou de la consommation sur place, elle est conditionnée par deux coefficients : les besoins et la capacité d'achat du pays.

Or, il est de toute évidence que les besoins actuels du pays ne sont que trop grands. Un vaste pays de plus de trente millions d'habitants, s'accroissant chaque année dans des proportions énormes, un pays nouveau ou tout était à refaire et à reconstruire, sera encore pendant plusieurs dizaines d'années un des débouchés les plus recherchés et les plus insatiables.

Hélas ! il n'en est pas de même quand il s'agit de sa capacité d'achat.

Il est vrai qu'elle aussi s'accroît visiblement car si l'on admet les chiffres de l'année 1924 comme 100, cette capacité d'achat en 1927 sera : 120 pour le charbon, 200 pour les articles de fer, 165 pour les tissus, 174 pour le papier, 170 pour le sucre, etc. (1)

Et ce progrès ne fait que s'accentuer puisque comparées avec celles de 1927, les capacités d'achat de l'année 1928 présentaient en général 10 % de majoration.

A la même conclusion conduisent aussi les rentrées d'impôts soit en général qui de 1924 à 1927 doublent leur rendement — soit celles d'impôts sur les chiffres

---

(1) Chiffres fournis par M. Wierzbicki, dir. en chef de l'Union centrale de l'Industrie des Mines, du Commerce et des Finances de Pologne art. « La situation économique en Pologne ». N° spécial de l'Illustration sup. au N° du 27-X-1928.

d'affaires qui, représentées en 1924 par le chiffre 100, s'élèvent en 1926 à 150 et en 1927 à 225.

Malheureusement si visible qu'il soit, l''accroissement de cette capacité d'achat est encore beaucoup trop lent pour assurer une marche normale dans l'écoulement et dans le progrès de l'industrie polonaise.

Et c'est d'autant plus fâcheux que l'exportation de l'industrie polonaise n'est pas non plus très florissante.

La Pologne, comme l'on dit, c'est « une plaque tournante » de l'Europe. C'est un pays de transit commercial de premier ordre. Etant une croisée de routes, reliant le Midi et le Nord, mais surtout l'Occident industrialisé avec l'Orient agricole, la Pologne peut devenir un des grands centres du commerce européen, peut-être dans un prochain avenir.

Quant au présent, il est encore très modeste. A cause de la guerre économique pratiquée à l'égard de la Pologne par ses trois voisins qui lui ont fermé leurs frontières, le progrès de l'exportation polonaise est si restreint, que jusqu'à ces derniers temps le bilan commercial de la Pologne a toujours été en déficit. (1)

Enfin quant aux capitaux nécessaires pour des investissements indispensables ils sont partout dans des disponibilités minimes. Une vraie disette à ce point de vue règne dans toutes les branches de l'activité économique de Pologne. L'épargne progresse dans le pays. On constate que dans le cours d'une année le chiffre des dépôts a été doublé, (2) mais d'un autre côté le besoin des capitaux se fait si vivement sentir en Pologne, que si économe et amie de l'épargne qu'elle puisse être, elle ne sera pas capable de le satisfaire toute seule.

---

(1) Il a cessé de l'être au mois de Juillet 1929 et se maintient depuis comme actif.

(2) P. ex. étant 67,7 millions en 1927, ces dépôts passent dans la Caisse Postale Polonaise d'Epargne à 122,3 millions de ztoys an 31 Décembre 1928. — Of. stat. de Pol.

Il lui faudra nécessairement recourir à des emprunts étrangers. Ils arrivent peu à peu, mais on est loin encore d'avoir gagné les grands pays de l'argent.

Quand donc le bien-être et les capacités d'achat des masses polonaises augmenteront, quand les débouchés extérieurs s'ouvriront de nouveaux, et surtout, quand les masses des capitaux fournis par l'épargne et plus encore par les emprunts étrangers à long terme se multiplieront, le développement agricole, industriel et commercial de la Pologne lui assurera un avenir meilleur.

Mais alors, par contre-coup, le pays ne tardera pas à faire appel à des bras jusqu'alors inoccupés du prolétariat rural polonais, entamant l'émigration ou tout au moins la réduisant sensiblement.

Malheureusement nous ne pensons pas que ces temps soient encore bien proches.

III. Les raisons de l'Émigration polonaise vers la France

Ayant parcouru les causes intérieures de l'émigration des Polonais, nous nous demanderons maintenant pour quelles raisons cette émigration s'est dirigée vers la France.

La France appelait l'émigration polonaise principalement pour deux raisons : la première d'ordre démographique, la seconde purement économique — besoin de main-d'œuvre, dans les diverses branches de l'activité économique — et spécialement dans l'agriculture.

I) *Cause démographique.*

Il est incontestable, même pour tout étranger, quel qu'il soit, que le rôle joué par la France dans l'histoire a été l'un des plus importants et des plus glorieux, aussi bien dans l'ordre spirituel et intellectuel que dans l'ordre politique et économique. Il n'est pas douteux, et les années de la grande guerre ou même les débats internationaux contemporains le prouvent, qu'elle jouit encore d'un prestige énorme et mérité ; néanmoins, il n'est pourtant que trop visible aussi pour celui qui regarde plus attentivement — que ce rôle diminue.

Qu'un seul exemple nous suffise, celui de la langue française. Le français, qui, pendant longtemps, fut après le latin, presque la seule langue internationale, a perdu lentement ses privilèges. Il n'est plus connu aujourd'hui que par un dixième de la population européenne alors qu'au XVIII° siècle il était parlé par le quart de cette population.

Assurément, nous sommes loin de cette vue simpliste qui voudrait expliquer toutes les complexités de la vie par des raisons simples et uniques. Mais ce que nous n'hésitons pas à affirmer, c'est qu'avant tout, cela provient de la cause démographique. Car, si avec le recul de la langue, l'influence, la culture et le rayonnement français diminuent également, cela provient avant tout de ce fait que la proportion des Français au milieu des autres nationalités diminue de même (1). Quelques chiffres pris chez des auteurs français eux-mêmes, nous permettront de préciser notre assertion.

« A la fin du XVII° siècle, écrit M. J. Verdier (2), la France représentait à elle seule 40 % de la population des grandes puissances ; en 1789, encore 27 % ; en 1889 elle ne représentait plus que 13 % et en 1910

______

(1) Voir P. Bureau. « L'Indiscipline des mœurs ». Paris 1924, p. 196.

(2) Aujourd'hui S. E. Cardinal Archevêque de Paris. — « Le problème de la natalité et la Morale chrétienne », p. 56, Paris 1917.

elle tombait à 7 %, si on comprend la Russie, et à 16 % si on n'envisage que l'Europe occidentale ».

C'est ainsi, écrivait M. Ch. Gide que « les hommes de ma génération ont vu, dans le court espace d'une vie d'homme, la France dépassée vers 1865 par l'Allemagne ; vers 1880, par l'Autriche-Hongrie ; vers 1895, par l'Angleterre, et maintenant voici le tour de l'Italie ! »

« Et comment pourrait-il en être autrement, s'écrie le même auteur, quand on songe que pour la seule année 1910, qui n'a point été déficitaire pour la France, les gains nets réalisés par quelques puissances se présentaient comme suit :

Allemagne	880.000	naissances d'excédent.
Autriche-Hongrie.	770.000	— —
Italie	460.000	— —
Grande-Bretagne	410.000	— —
Pays-Bas.	90.000	— —
France	70.000	— — (1)

Et malheureusement l'année 1910 n'était encore qu'une des années bien propices pour la France — il y avait pis que cela. Depuis 1890 (2) a commencé une sombre liste des années noires qui comme 1891, 1892, 1895, 1900, 1907, 1911 et tout dernièrement 1929 non seulement n'ont pas apporté d'excédent de naissances, mais au contraire un triste excédent de décès.

Le progrès qu'atteint cette dépopulation de la France est effrayant. Ainsi, par exemple encore : « en 1885 il n'y avait qu'un seul département ayant moins de 16 naissances pour 1.000 habitants ; en 1905, il y en a déjà 12 ; en 1913, il y en a 17 ».

____

(1) Citations de P. Bureau op. cit. p. 190.

(2) Les deux années 1870 et 1871 étant déficitaires peuvent s'expliquer par la guerre et les troubles révolutionnaires.

« En 1901, on comptait 33 départements où les cercueils étaient plus nombreux que les berceaux ; on en comptait 44 en 1905, 65 en 1911 ». (1)

Sur 100 familles françaises selon le même auteur, les deux tiers, exactement 66, n'ont pas d'enfants ou n'en ont qu'un ou deux. Alors, pour plus de la moitié de ces familles, on trouve moins d'enfants que de parents, moins de remplaçants que de personnes à remplacer.

Serait-ce étonnant dans ces conditions que des départements et même des provinces entières se vident d'enfants·comme c'est le cas pour la Normandie, le Quercy, le Périgord, la Gascogne, la Saintonge, la Bourgogne et la Provence ?

Deux exemples encore pour fixer notre attention :

Le Lot en 1851 comptait 296.224 habitants ; 50 ans après, en 1901, il n'en avait plus que 226.720, de ce fait 69.504 habitants avaient disparu et 10 ans plus tard, en 1911, on enregistrait une nouvelle diminution de 20.951 habitants, donc l'accélération de la vitesse de la chute si inouïe qu'elle a ramené le chiffre de la population à 205.769 personnes.

Ainsi, en 60 ans, le département a perdu plus de 30 % de sa population !

Un autre triste exemple nous est fourni par la Normandie, laquelle de 1851 à 1901 a perdu, plus de 300.000 habitants, c'est-à-dire une population égale à celle de tout le département de l'Orne. « Aujourd'hui, elle perd tous les 20 ans l'équivalent d'un département dit M. Ch. Gide (2). Et comme elle ne comprend que cinq départements, un siècle suffirait pour que ses gras pâturages fussent vides de Français. »

____

(1) P. Bureau, op, cit. p. 184.

(2) La France sans enfants (1914). Les mêmes constatations sont faites par Paul Bureau, op. cit. p. 187 ; et F. Guillouard, dans la Réforme Sociale, article : « La Dépopulation en Normandie », N° du 1er Novembre 1904.

Mais alors si les choses se passent ainsi, il est bien exact le mot de M. Paon que « la mort rapide plane sur certaines régions » (1) de France. Il est bien naturel que l'influence du pays se rétrécisse, que sa vigueur s'affaiblisse, que sa richesse décroisse. La richesse publique elle-même diminue sensiblement malgré les apparences contraires. Et cette observation de M. Jacques Bertillon qui est expert en cette matière n'est que trop juste. « Si la France s'était donné, comme l'Allemagne, 65 millions d'habitants, les méridionaux ne seraient pas, comme ils le sont, embarrassés de leurs vins ; il y aurait 25 millions de gosiers de plus pour les absorber. Les fabricants de vêtements auraient 25 millions de clients de plus à équiper, les entrepreneurs de bâtiments (quand le bâtiment va, tout va !) auraient à bâtir, pour les loger, 50 villes telles que Lyon ou Marseille. La main-d'œuvre serait mieux payée, parce que le pays serait plus riche . (2).

« Mais pour cela, pour que la France cesse de décroître par rapport aux autres pays, dit le même auteur, pour qu'elle soit dans l'avenir, non pas ce qu'elle fut autrefois (la plus grande nation de tout l'Occident), mais ce qu'elle était en 1910, il lui manque 450.000 existences annuelles (3) ».

Et malheureusement déjà avant la guerre, on était très loin de ce chiffre souhaité, si loin que remontant même à la première année du siècle précédent, on n'arrivait qu'au tiers de ce chiffre (4).

La Grande Guerre n'a fait pourtant qu'aggraver ce

(1) L'Immigration en France. Paris 1926, p. 184.
(2) La Dépopulation, p. 57.
(3) Ibid.
(4) En 1801, l'excédent des naissances était de 142.000 ; s'accroissant lentement, il arrive à 232.000 en 1836, mais depuis cette année étant toujours en diminution, il a déjà jusqu'à 1913 abouti 9 fois à des années déficitaires.

mal et cela dans des proportions exorbitantes. M. Louis
Marin, Ministre des Pensions, énumère les pertes qu'a
subies la France par suite de la guerre : 1.354.000
morts et disparus ; 800.000 qui ont été réformés pour
des blessures graves et 690.000 mutilés qui, comme
les 800.000 précédents devaient pour la plupart, sinon
tous se retirer comme incapables de la vie active. (1)

Et ces chiffres, si énormes soient-ils, ne représentent pourtant qu'une partie des pertes causées par la
guerre. Si avant 1914 les naissances n'étaient pas très
nombreuses, combien elles devaient être affaiblies
encore par la brusque disparition de tant d'hommes
à la fleur de l'âge, de tant de pères de famille dont
les foyers sont restés vides.

Pour combler ces brèches résultant de la rareté des
naissances et de la guerre, il fallait faire appel à
l'étranger et cela était d'autant plus urgent que la vie
économique, arrêtée dans son élan, le réclamait avec
plus d'instance.

2) *Cause économique.*

Celles des branches de l'activité économique qui ont
le plus souffert par la guerre, étaient justement celles
aussi qui étaient les plus importantes et qui déjà
depuis longtemps souffraient du manque de bras. Ces
branches étaient l'agriculture et l'industrie françaises.

En dehors de la dépopulation générale l'agriculture
française souffre depuis bien longtemps déjà de la
désertion des campagnes.

« Les paysans, dit M. Lambert, (2), qui représentaient en 1846, 75,6 %, en 1921, 53,6 % de la population, n'en représentent plus que 48 % en 1925, ce pour-

---

(1) Annales de la Chambre des Députés (Tome 96, séance
extraordinaire de 1920, page 32, annexe 633).
(2) La France et les étrangers, Paris 1928, p. 15.

centage paraissant encore s'être abaissé au cours des dernières années ».

Et c'est pourquoi, déjà avant la guerre, en 1914, on évaluait à 400.000 les ouvriers qui manquaient à l'agriculture française pour son exploitation normale et qui étaient remplacés par des étrangers : Belges, Espagnols, Italiens, Allemands. Et la guerre lui enlevait encore 673.000 des siens. Comment donc pouvait-elle se suffire après cela ?

Quoique moins énormes, mais dans des proportions non moins pénibles, étaient les pertes de l'industrie française. Elle a perdu elle aussi ses 267.000 hommes et avec eux les plus florissantes de ses usines qui, sauvagement détruites ou délabrées devaient être reconstruites, d'autant plus qu'exténué par les années de guerre, le pays réclamait avec insistance les produits dont il avait grand besoin.

Les voix les plus autorisées se sont élevées alors pour conseiller un appel à l'étranger, ou le justifier. C'est ainsi par exemple que M. W. Oualid, professeur à la Faculté de Droit de Paris et ancien directeur du service de la main d'œuvre au Ministère du Travail dira : « Il nous faut de toute nécessité recourir largement à l'appel à l'étranger. Notre vitalité économique en dépend. Le sort de notre agriculture y est lié. Sans lui, notre industrie minière péricliterait. La reconstruction des régions libérées eût été et serait impossible s'il n'affluait point ! » (1).

« Sans cet appoint, venant de l'étranger, dira M. Paon, nos industries dévastées par la guerre seraient en grande partie restées dans leur néant ; sans lui, également, nos terres que l'élément français abandonne chaque jour davantage, seraient incultes en de nombreuses régions » (2).

---

(1) L'immigration ouvrière en France. Paris 1927.
(2) Cit. chez Kaczmarek op. cit. p. 90.

Plus explicites encore et plus récentes, sont les paroles de M. Duhamel, directeur général de la Société d'Immigration : (1)

« Au cours des quatre années tragiques, dix de nos départements les plus riches avaient été dévastés ; l'industrie, l'agriculture étaient à reconstituer, partout il y avait des ruines à relever.

« Or, près de quinze cent mille des nôtres n'étaient pas revenus, et la loi de huit heures... avait restreint la production !

« La France ne pouvait se suffire à elle-même, comme pendant la guerre, il lui fallait faire appel à l'étranger.

« Deux branches de notre activité économique étaient celles qui avaient été les plus atteintes par la crise de main-d'œuvre : l'agriculture, qui bien avant la guerre constatait l'exode de sa population vers les villes, se retrouvait, après la tourmente, avec des effectifs encore diminués ; et les houillères, dont le bassin le plus riche avait été victime de l'invasion, avaient à se reconstituer rapidement, car la pénurie de charbon était grande en France ». Mais celles-ci même n'étaient pas les seules... Toutes les industries, ou presque toutes, ressentaient la nécessité de faire appel à l'étranger ».

Ayant reconnu ainsi la nécessité, les autorités françaises ont commencé de délibérer pour savoir où prendre cette main-d'œuvre tant désirée. Les Belges, les Espagnols, les Allemands et les Italiens travaillaient déjà sur le sol français. Fallait-il faire grossir leurs rangs par des convois nouveaux ? Ou, au contraire, chercher ailleurs dans des pays plus lointains ? Certains ont été partisans des coloniaux, noirs ou jaunes.

---

(1) L'Immigration polonaise en France. « L'Illustration » N° spécial du 27 Octobre 1928.

Chacune de ces trois hypothèses trouvait des partisans, chacune au moins au début eut quelques réalisations, mais à la fin pourtant ce fut le second projet qui fut adopté, celui de l'appel d'étrangers, non de coloniaux, ni de voisins immédiats, mais tout simplement d'étrangers de race slave, de Polonais pour la plupart.

Le pourquoi n'est pas si difficile à trouver. D'abord, sans grande chance de réussite était l'hypothèse des coloniaux. La France défaillante, dans son souci de la main-d'œuvre, voulait encore atteindre un autre but que celui d'avoir des travailleurs : il lui fallait renouveler sa race, ses filles et ses fils se refusant à avoir des enfants. Une fois arrivés sur son sol, ces races nouvelles d'Asiatiques ou d'Africains pouvaient à jamais compromettre sa culture raffinée depuis tant de siècles. Il lui fallait des travailleurs et des citoyens, mais non des barbares.

Un autre danger menaçait la France si elle avait voulu faire appel à ses voisins, tels que les Espagnols, les Allemands et surtout les Italiens (1).

Jusqu'à maintenant la France ne connaît pas de question de minorités ; son unité nationale parfaite pouvait pourtant être rompue, principalement pour les départements-frontières. Les Alpes-Maritimes, sur 435.000 habitants comptent déjà 141.000 étrangers, ce qui fait un pourcentage de 32 %, les Bouches-du-Rhône sur 929.000 en ont 180.000, soit 19,3 %, la Moselle, 114.000 sur 630.000, soit 18 %, le Var, 17,5 %, les Pyrénées-Orientales, 15 %, le Pas-de-Calais , 13 %, le Nord, 12 %, même la Seine, 9 % (2). Et ce qu'il faut remarquer de plus, c'est que ce sont justement les

---

(1) Les Belges les plus rapprochés de la race française, n'étant pas suffisamment nombreux, ne pouvaient entrer trop en ligne de compte.

(2) W. Oualid, op. cit. p. 8.

voisins qui, chacun de leur côté, envahissent les départements-frontières français : les Allemands, les
provinces récupérées de l'Alsace et de la Lorraine (dans
la Moselle, ils sont déjà plus de 65.000), les Espagnols,
les provinces pyrénéennes au nombre de 467.000, les
Belges, le Nord, (460.000) et enfin les Italiens, le Midi,
au nombre de 808.000 (1).

Faire venir ces voisins en masse, c'était s'exposer
pour l'avenir à des complications inévitables. Les dirigeants français ont parfaitement compris ce danger.
Et il ne pouvait pas en être autrement, la question
était trop claire et trop évidente. L'unité nationale, vu
surtout le caractère prolifique supérieur de ces voisins
et la facilité des rapports avec son pays de provenance, et ensuite l'unité territoriale en jeu, voilà ce qui
se laissait entrevoir aux esprits tant soit peu clair-
voyants.

Donc, il fallait chercher ailleurs ces travailleurs
nécessaires. La Pologne s'offrit d'elle-même. Unie déjà
à la France par tant de siècles d'histoire, comme par
le même intérêt de défense contre le même ennemi
séculaire ; nation saine, robuste et prolifique, unie
enfin par une communauté d'esprit et de caractère
très semblable, et justement embarrassée par son sur-
croît de bras, dont elle ne pouvait trouver l'emploi
chez elle, la Pologne est apparue aux dirigeants français comme la nation tout indiquée.

« Félicitons-nous, écrira M. Duhamel, Directeur
Général de la Société d'Immigration qu'elle (la France)
se soit tournée vers la nation polonaise, que tant de
liens d'amitié attachaient à notre pays, et dont la race

------

(1) Tous ces chiffres, ceux du recensement officiel de 1926
sont sûrement à majorer. Ce recensement donne par exemple
comme chiffre de Polonais : 411.582 et il est tout à fait certain
d'après les statistiques polonaises qu'en 1926 les Polonais en
France atteignaient déjà 500.000.

laborieuse, saine, prolifique, accoutumée depuis long-temps à l'émigration, était tout indiquée pour nous prêter le concours que nous attendions (1). »

Et ainsi l'on s'est rendu parfaitement compte que le choix ne pouvait être meilleur. Sachant bien qu'acceptant l'émigration polonaise, la France et la Pologne se rendaient un mutuel service, l'entente était vite réalisée. L'Etat polonais a surgi en Novembre 1918 et dès 1919, avant que la guerre en Pologne ait pu être complètement finie, avant que le gouvernement puisse s'être bien organisé, il envoie déjà à la France ses premières centaines de citoyens.

Les premiers essais ayant parfaitement réussi, on a bientôt pensé qu'il fallait créer des organismes spéciaux et stables qui, d'une façon non pas accidentelle, mais régulière et organisée, pourraient assurer le cours de ce flux nouveau, le diriger et le dominer entièrement.

---

(1) L'Immigration polonaise en France, art. paru dans « l'Illustration » Numéro spécial du 27 Octobre 1928.

CHAPITRE II.

Statut juridique de l'Émigration Polonaise agricole
en France
son recrutement et son nombre

I. L'Émigration Polonaise agricole en France
avant la Guerre

Les premières tentatives de l'émigration polonaise agricole vers la France furent des essais privés. Pour les trouver, il nous faut remonter bien avant la Grande Guerre jusqu'à l'année 1907.

La nation polonaise envoyait déjà à cette date par centaines de mille ses enfants dans les divers pays d'Amérique et d'Europe. Ayant remarqué ce fait et sentant déjà les besoins urgents de main-d'œuvre, surtout agricole, la France par ses divers groupements économiques du Nord et de l'Est commençait à tenter de diriger cette émigration, en attirant au moins l'un de ses flots vers elle.

L'initiative fut donnée par la Société Centrale d'Agriculture de Meurthe-et-Moselle à la fin de l'année 1907. Se mettant à l'œuvre dès le 2 Mars 1908, elle organisa une réunion régionale d'études pour l'importation des ouvriers polonais en France. A cette réunion on a invité M. Skolyszewki, député de la Diète autonome de Galicie et fondateur à Cracovie de la « Société polonaise populaire d'Emigration ».

Il y fut résolu de suite les bases d'un accord et les deux sociétés délibérantes furent choisies comme intermédiaires. La « Société Centrale d'Agriculture de Meurthe-et-Moselle » devait centraliser les demandes et la « Société polonaise populaire d'Emigration » faire le recrutement des ouvriers qui seraient décidés à aller travailler en France.

Rien d'ailleurs de plus précis n'était prévu pour le début quant aux méthodes à suivre dans ces deux organisations. C'est à peine si on a pensé à arrêter, ou plutôt à indiquer les salaires des nouveaux émigrants et, si on a pris quelques dispositions générales en vue de l'entretien de ces ouvriers.

Si ces dispositions étaient strictement observées, les frais de voyage de Cracovie à Nancy et ceux du retour étaient à la charge de l'employeur.

Pourtant, comme c'était facile à prévoir, on ne pouvait s'assurer que ces quelques stipulations étaient observées ni par les ouvriers, ni par les patrons, car aussi bien pour les premiers que pour les seconds on laissait trop à l'interprétation individuelle.

Et pourtant, encouragées par ces premiers essais, les demandes françaises affluaient toujours plus nombreuses. Dépassant bientôt les limites du premier département en cause, elles s'étendirent presque à tout le Nord-Est. La Société Centrale de Nancy, se voyant incompétente, chargea de cette centralisation de demandes la « Fédération des Sociétés Agricoles du Nord-Est de la France ».

C'est à celle-ci que fut confiée l'élaboration du premier contrat-type de ce nouvel embauchage, qui, en établissant des bases plus solides, devait améliorer la condition des ouvriers et tout en observant les coutumes françaises, satisfaire en même temps aux mœurs et usages polonais.

Deux sortes de contrats-types furent établis. L'un, individuel, pour les ouvriers de « saison », passé entre cette Fédération et l' « Office de Placement de Galicie », et l'autre contrat-type collectif, passé entre la « Société Polonaise d'Emigration » et le « Syndicat Français de la main-d'œuvre Agricole ».

Le contrat-type collectif comprenait les dispositions suivantes :

Dans l'article premier, les ouvriers contractants certifiaient : « Qu'ils sont parfaitement constitués et ne sont atteints d'aucune maladie contagieuse, ni d'aucune affection pouvant compromettre leur travail ».

L'article 2 fixait la durée conventionnelle de la journée de travail « de 5 heures du matin à 7 heures du soir, avec des interruptions d'une demi-heure pour le déjeuner et le goûter et d'une heure et demie pour le dîner ».

L'article 3 assurait le repos hebdomadaire ,établissant que « les ouvriers seront complètement libres les dimanches et jours de fêtes religieuses qu'ils ont coutume de chômer ».

L'article 4 fixait les salaires, payables à la fin de chaque mois.

L'article 5 décidait que « le patron pourrait faire une retenue de la moitié des salaires de l'ouvrier à titre de garantie de fidélité de ce dernier à ses engagements et en couverture de ses frais de voyage de Cracovie au lieu du travail. Cette retenue devait être remboursée, le contrat terminé.

L'article 6 détaillait les conditions de nourriture, de logement, d'installation et d'hygiène des ouvriers.

Les articles 7 et 8 prévoyaient les cas de rupture dudit contrat. Le patron pouvait congédier son ouvrier quand celui-ci n'exécutait pas ses ordres, l'injuriait, brutalisait les animaux. Les délinquants étaient traduits devant le tribunal correctionnel. L'ouvrier, de son côté ,pouvait rompre son contrat en gardant ses droits aux frais de retour, quand le patron le brutalisait ou ne respectait pas les clauses du contrat.

L'article 10 assurait à l'ouvrier les frais de transport, de nourriture en cours de route et enfin une indemnité de retour, laquelle n'était pas dûe, quand le Polonais rompait volontairement et sans raisons valables, le contrat avec son employeur. (art. 12).

Enfin l'article 14 fait un devoir au patron, en cas de maladie contractée en service, de payer pour l'ouvrier les frais de médecin et de pharmacien, d'assurer l'ouvrier contre les accidents du travail et de lui rendre en cas de mort, les derniers services.

Un mode spécial était établi pour le payement des salaires. Comprenant la prime, ce payement se subdivisait en quatre portions distinctes, c'est-à-dire les quatre premiers mois pendant lesquels on ne payait qu'un tiers du salaire dû, les huit mois normaux où, au salaire dû, s'ajoutaient les retenues des quatre mois précédents, réparties dans des proportions égales, un supplément pour les mois de Juillet et d'Août (de 13 à 20 francs par mois) et enfin la prime déjà mentionnée.

Si l'ouvrier consentait à renouveler son contrat, son salaire était majoré et s'élevait à 420 francs pour les femmes, les jeunes hommes moins robustes et les jeunes filles et à 624 francs par an pour les hommes adultes et robustes.

Enfin, les mêmes contrats comportaient la clause suivante :

« Toutes difficultés qui surgiraient entre patrons et ouvriers au sujet de l'exécution des présentes conventions ou de leur interprétation seront tranchées à la demande de la partie la plus diligente par trois arbi-

tres dont l'un sera désigné par la « Chambre syndi-
cale », le second par la « Société de Protection de
l'Ouvrier Polonais en France », présidée par Mme la
Comtesse Zamoyska (1) et le troisième par la « Société
des Agriculteurs de France ».

« L'arbitre de la Société des Agriculteurs de France
aura la présidence de ce tribunal arbitral avec voix prépondérante.

La sentence rendue sera définitive, souveraine et
sans appel, ni recours devant aucune autre juridiction ». (2).

Ces contrats ont été la base juridique pour les
20.000 ouvriers polonais qui, jusqu'à la guerre sont
venus de la Galicie (partie autrichienne de la Pologne)
travailler en France. Déjà, à ce titre, ils mériteraient
quelques moments d'attention.

Mais ces contrats nous paraissent intéressants surtout parce qu'ils sont demeurés les prototypes des
conventions d'après guerre, de celles notamment signées après 1918, entre la France et la Pologne.

Quelques mots pourtant sur la valeur de ces contrats-types sont nécessaires. D'une façon générale, il
existe entre eux des points de ressemblance et des
points de distinction.

La différence capitale qui les distingue, c'est que
le 1ᵉʳ est en somme une convention privée alors que
le second engage non seulement des particuliers ou
des sociétés plus ou moins importantes, mais des
Etats.

---

(1) Cette société, prototype des diverses sociétés polonaises
de ce nom qui ont surgi après la guerre (Amiens, Le Havre,
Lille, Metz, etc.) a été fondée par la dite Comtesse Zamoyska,
en Mai 1910, à Paris et existe toujours. Aujourd'hui, 11, rue
de l'Interne Loëb, Paris 13ᵉ.

(2) Ripert, « Le contrat de travail et la main-d'œuvre étrangère en France » p. 25, Marseille, 1921.

Et de cette distinction capitale découlent les autres résultant en grande partie de ce que les contrats-types de la première catégorie ne sont qu'une ébauche sur un point spécial de l'agriculture, tandis que les conventions de 1919 sont de caractère général et s'étendent à tout un faisceau d'activités économiques, sociales, et même, d'une certaine façon, politiques.

Ces distinctions faites, on remarque entre ces deux sortes des contrats bien des points de ressemblance.

Il faut relever d'abord l'effort commun qui anime les deux conventions. L'une et l'autre, voulant être aussi pratiques que possible, se basent sur un certain nombre de prescriptions pyschologiques et, s'efforcent de s'appuyer sur des coutumes nationales particulières aux deux peuples.

L'égalité des parties contractantes, c'est le second point de ressemblance qui se dégage.

Mais quoi qu'il en soit, il n'est pas douteux, en tout cas, que tout en étant loin d'être parfaits, la convention et le contrats-type de 1919 dépassent de beaucoup en valeur le contrat-type d'avant-guerre.

Les avantages de ces premiers contrats-types peuvent se résumer brièvement dans les points suivants :

1° Cette sorte de convention préalable à l'arrivée des ouvriers polonais en France, établie sur la base d'égalité des parties contractantes, a permis d'abord d'assurer quelques conditions générales meilleures, lesquelles auraient été difficiles, si non impossibles à obtenir si elles avaient dû être débattues isolément par les intéressés.

2° Elles assuraient un minimum de salaires.

3° Fixaient la durée du travail, le repos hebdomadaire.

4° Créaient une certaine surveillance dans l'exécution du travail et dans l'observation de ces contrats, etc.

Mais en dehors de ces avantages, elles n'étaient pas — tant s'en faut — sans inconvénients et même sans défauts sérieux.

1° Nous commencerons par la question des salaires. Or, nous avons déjà mentionné que ceux du contrat ne représentaient qu'un minimum. Et vraiment, ils n'étaient que cela. La pratique l'a bien montré. On aurait pu penser que l'ignorance de la langue, le manque de connaissance du milieu et des méthodes de travail justifiaient peut-être le taux de ces salaires, mais d'autres faits plus significatifs obligent à en juger autrement.

Escomptant l'ignorance des Sociétés polonaises en ce qui concernait le marché français, on a trop abaissé ces salaires. Cela explique peut-être pourquoi, malgré les besoins les plus impérieux de la main-d'œuvre en France et l'abondance des émigrants polonais, leur immigration en ce pays jusqu'à la guerre atteint à peine 20.000 personnes (1).

Il est vrai que M. Numa Raflin dans un rapport présenté au Ministre du Travail (2) dit, au sujet de ces salaires que, y compris les frais de voyage, ils correspondaient à ceux que reçoivent le plus généralement les ouvriers français des mêmes catégories, mais son opinion ne nous paraît pas être fondée.

La concurrence l'a démontré d'ailleurs si vite, que peu de temps après on pouvait voir l'Agence « France » proposer des salaires allant jusqu'à 750 francs par an, c'est-à-dire dépassant presque de la moitié les salaires offerts par la « Fédération » et les contrats officiels.

Il est vrai que les salaires n'étant pas partout identiques, même pour les ouvriers nationaux, il n'était

____

(1) Ce chiffre est donné aussi par M. J. Duhamel I. c. p. 51.
(2) « Le Placement et l'Immigration des ouvriers agricoles polonais en France ». Paris 1911 ; p. 15.

pas très facile de fixer un salaire équitable et uniforme. Mais il y avait pourtant une solution simple et juste, celle qu'a adoptée en cette matière, au moins en principe, la convention dernière, et qui consiste dans l'obligation de payer un salaire égal à celui des ouvriers français de même région et de même catégorie.

Malheureusement, comme le remarque M. Ripert (1), « le seul fait certain, c'est que le contrat-type ne portait nullement l'obligation de payer un salaire égal à celui des ouvriers français de même région et de même catégorie ».

2° Le second défaut à relever dans ce contrat-type, c'étaient les retenues sur les salaires de l'article 5, autorisant le patron à retenir jusqu'à « la moitié du salaire de chaque ouvrier à titre de garantie de la fidélité de ce dernier aux engagements et en couverture des frais de voyage, le cas échéant ».

Cette clause était illicite. La loi française de 1895 n'autorisait que les seules retenues des avances faites à l'ouvrier, et non pas celles de garantie.

Ces dernières ne peuvent, d'autre part, dépasser le dixième des salaires.

Mais même en dehors de ces fautes légales, si l'on peut ainsi parler, ces retenues étaient funestes aux ouvriers à un autre point de vue.

Faute de sanction prévue contre le patron qui aurait manqué à ses engagements l'ouvrier était, en effet, le plus souvent lésé.

3° Vient enfin le troisième, peut-être le plus grand défaut de ce contrat-type, c'est qu'il manquait totalement de sanctions.

Il est vrai que son texte instituait une sorte de tribunal mixte d'arbitrage et dont « la sentence » devait

____

(1) I. c. p. 28.

être « définitive, souveraine et sans appel ni recours devant aucune autre juridiction ». Mais cela, à part peut-être une bonne intention, ne pouvait constituer qu'une clause pour la forme sans valeur réelle, car comme l'article 5 du contrat, elle ne s'appuyait sur aucun texte de loi que les tribunaux compétents auraient pu utiliser.

Ce contrat n'a donc apporté à personne ni les satisfactions, ni les assurances voulues, mais étant une ébauche, il a frayé le chemin à des tentatives nouvelles et plus complètes.

II. Pendant la Guerre

Ces tentatives nouvelles et plus complètes ont été faites surtout pendant les grandes et pénibles journées de la guerre mondiale.

La nécessité impérieuse d'assurer les matériaux de cette guerre et de poursuivre, en les développant, les productions industrielles et agricoles désorganisées par la mobilisation en masse de la main-d'œuvre nationale déjà insuffisante, ont obligé la France à une intensification de l'émigration étrangère dans des proportions inconnues jusqu'alors. Ce n'étaient plus les entreprises privées, ni même des groupes de ces entreprises qui avaient des besoins impérieux, c'était la vie économique nationale tout entière.

Les « Fédérations », si générales qu'elles puissent être, ne suffisaient plus. L'Etat lui-même, avec ses services administratifs a dû se mettre à la recherche de travailleurs étrangers.

Vient ainsi une période pendant laquelle la question d'immigration a passé aux mains du gouvernement et de ses services administratifs et qui devait être forcément la plus lourde en conséquences de toutes sortes. Périodes des accords internationaux et de l'élaboration de tout mécanisme touchant à l'immigration. C'était enfin aussi une période d'élaboration du nouveau contrat-type, qui corrigea au moins les plus importants défauts du contrat-type précédent.

Le premier point acquis dans le nouveau contrat était le principe d'égalité de l'ouvrier étranger avec l'ouvrier français. Cette égalité, commençant dans le seul domaine des salaires, a abouti dans les derniers accords à l'extension presque totale d'abord du « régime du travail », « des augmentations éventuelles des salaires », « des indemnités supplémentaires de cherté de vie », enfin de toute autre protection garantie aux ouvriers français par la législation française et spécialement par les lois sur les accidents du travail (1).

Certes, assurant tous ces avantages, au moins théoriquement, le gouvernement français faisait preuve d'un libéralisme assez large. Il ne faut pourtant pas exagérer ses mérites.

Car s'il l'a fait, il avait pour cela de bonnes raisons. Il voulait d'abord, comme dira Ripert (2), sauvegarder les intérêts de ceux qui reviendraient après la guerre et ne pas créer par participation, un avilissement des situations.

Ensuite « il fallait aussi, par l'offre de mesures d'amitié et de protection, attirer une main-d'œuvre que chaque gouvernement national tenait à conserver sur son territoire ».

Il fallait enfin céder aux organisations ouvrières internationales « qui maintenaient l'affirmation du principe du contrat collectif international avec ses clauses applicables aux travailleurs de tous les pays ».

------

(1) Contrat de travail avec les ouvriers portugais.
(2) l. c. p. 33.

L'autre défaut du premier contrat-type franco-polonais de 1909, qui a été corrigé par ce contrat-type nouveau, était le manque de contrôle et de sanctions plus effectives.

Deux propositions étaient jusqu'alors émises pour exercer ce contrôle et ces sanctions. La première, c'était celle du tribunal mixte et privé qui a institué le premier accord franco-polonais de 1909 et l'autre celle d'un décret italien du 2 mars 1915 qui voulait les remettre entre les mains des offices consulaires.

Or, ni l'une ni l'autre de ces deux propositions ne pouvaient être agréées du gouvernement français.

La première, parce que privée, elle remettait toutes les questions à un tribunal privé lui aussi, incapable d'appliquer une vraie sanction.

La seconde, parce qu'elle signifiait et autorisait l'ingérence d'un pouvoir public, autre que le sien.

C'est pourquoi il proposa la troisième solution, la sienne. Elle établissait comme office chargé de contrôle son service de la main-d'œuvre étrangère, muni d'interprêtes et de contrôleurs et comme sanctions celles des pouvoirs publics.

Les articles 5 et 6 du modèle de ce nouveau contrat-type stipulaient :

« Qu'il sera rendu compte, sans délai, au service de la main-d'œuvre étrangère de toutes les difficultés pouvant surgir entre l'établissement et la personne visée au contrat ».

Suit la sanction pour le patron en faute : perdre ses ouvriers ; et, pour l'ouvrier, perdre sa prime et ses frais de retour. Ce dernier serait encore soumis aux « mesures de police » (1).

---

(1) Contrat de l'ouvrier grec.

III. Après la Guerre

Cette troisième période de l'après-guerre devait être la plus importante de toutes pour l'immigration polonaise en France. Elle devait couronner l'œuvre des deux périodes précédentes, leur donner la forme définitive, un statut juridique défini, avec ses conséquences immédiates: un mécanisme arrêté, un contrat-type définitif, des masses d'émigrés.

Les expériences faites et les points acquis pendant la guerre devaient s'incorporer dans la vie économique normale. Et c'est ainsi que fut si bien maintenu par le gouvernement français le grand principe d'égalité de l'ouvrier étranger avec l'ouvrier national, ainsi que le service chargé du contrôle des obligations entre les patrons et les immigrés, notamment le service de la main-d'œuvre étrangère, dès Janvier 1918 comme département du Ministère du Travail avec ses postes-frontières et ses interprêtes-contrôleurs. Et ainsi dans cette préparation progressive des accords futurs, il ne restait que le dernier pas à franchir.

Deux modes de réglementation furent possibles: adaptation d'un contrat collectif international et purement conventionnel élaboré par l'institution de Genève ou convention conclue entre la France et le pays d'émigration.

Demandé par la Confédération Internationale du Travail et les Congrès internationaux de Leeds (1916), de Zurich (Mai 1917) et de Paris (Mars 1919) avec ce dernier vœu émis par les Syndicats chrétiens « que les migrations ouvrières soient libres, mais réglementées par des accords entre les Gouvernements des pays intéressés », le mode d'un traité bi-latéral l'emporta. Non pas certes qu'on voulût exclure ou igno-

rer la haute compétence des institutions de Genève,
mais parce que, en vertu de l'expérience acquise on
voulait dépasser les indications forcément trop générales. La France et la Pologne savaient, en effet, qu'il
faudrait nécessairement des applications et des déter-
minations plus détaillées aussi bien que des sanctions
que ne pouvaient envisager les contrats collectifs
internationaux, purement conventionnels.

Cela compris, la voie était frayée et la Convention
franco-polonaise d'émigration et d'immigration fut
préparée et bientôt signée à Varsovie le 7 Septembre
1919.

Cette convention servit de base à toute une série
d'accords semblables, dont les plus rapprochés furent
le traité franco-italien du 30 septembre 1919 et le
traité tchéco-slovaque du 20 Mars 1920.

La convention franco-polonaise composée d'une
introduction et de 16 articles est divisée en trois parties principales: 1° dispositions générales; 2° émigration individuelle et 3° émigration ou recrutement
collectif (1).

1° L'introduction comprend deux parties: l'introduction proprement dite, c'est-à-dire la désignation
des gouvernements et de leurs délégués, et l'article
premier, essentiel dans la matière, déclarant au nom
des deux gouvernements: a) donner toutes facilités
administratives à l'émigration individuelle comme au
rapatriement des travailleurs nationaux des deux
pays et b) autoriser le recrutement collectif des travailleurs dans l'un des deux pays pour le compte d'entreprises situées dans l'autre.

2° Les « conditions dans lesquelles ces facilités »
et cette « autorisation » seront données fixent juste-

____

(1) Dans la première annexe, nous donnons le texte complet
de cette convention.

ment les 13 articles qui suivent (art. 2-14). Ils se subdivisent d'abord en dispositions générales (les art. 2-5). Ces dispositions générales stipulent:

a) l'égalité de salaires « à travail égal, une rémunération égale à celle des nationaux de même catégorie... basée sur le taux du salaire normal et courant de la région »;

b) l'égalité de traitement et de protection légale accordée aux nationaux (a. 3) avec l'abolition des restrictions concernant la résidence et prévu par l'article 3 de la loi française du 9 Avril 1898 sur les accidents du travail et cela « en raison de la réciprocité »;

c) la clause des nations privilégiées (art. 4) : et enfin:

d) le contrôle et l'exécution de la convention, lesquels sont laissés à l'administration qualifiée de chacun des pays ». Et quoiqu'il ne soit apporté aucune restriction.... aux attributions des consuls, « ceux-ci n'auront pourtant que les droits des intermédiaires entre leurs nationaux et l'administration du pays de résidence (1). C'est à cette administration que seront adressées ou transmises soit directement, soit par l'intermédiaire des autorités consulaires compétentes, toutes les réclamations formulées par les travailleurs étrangers, lesquelles pourront être rédigées dans leur langue maternelle » (art. 5).

3° Suivent ensuite les stipulations concernant l'émigration individuelle entre les deux pays contractants.

a. Les « facilités mentionnées par l'article 1 se trouvent ici consacrées et développées par l'article 6

---

(1) Ainsi, nous voyons écartée la solution déjà mentionnée de l'ingérence consulaire trop poussée, proposée par le décret italien du 2 mars 1915 cf. p. 121.

que proclame la liberté quasi-absolue aux travailleurs sortants des deux pays en cause. Aucune autorisation spéciale ne sera exigée à la sortie « tant du pays d'origine que du pays de résidence pour les travailleurs étrangers, ni pour leurs familles ».

Unique condition à remplir pour jouir de cet avantage, c'est d'être muni de pièces d'identité délivrées par les autorités nationales.

b. Plus détaillées sont les conditions de la pénétration de ces mêmes travailleurs à l'intérieur des deux pays. Et quoiqu'il soit dit (art. 7) que les autorités du pays les ayant accueillis, les laisseront pénétrer librement dans l'intérieur du pays « pourtant ce n'est que sous réserve des lois et réglement sanitaires ou de police » et des dispositions formulées par la dite convention.

Formule vague qui dans les deux premiers points « des lois et réglements sanitaires ou de police » pourrait faire passer toutes les lois et prescriptions préventives ou coercitives empêchant ainsi de s'exercer la pénétration libre par laquelle commence le même article (1).

Et quand aux « dispositions formulées » de la convention, trois cas sont prévus pour la pénétration des travailleurs étrangers.

Le premier est celui des ouvriers qui « à leur arrivée à la frontière produisent un contrat d'embauchage » conforme aux stipulations de la convention.

Au second appartiennent ceux des travailleurs étrangers qui produisent un contrat — mais ses dispositions sont contraires aux stipulations de la con-

---

(1) Remarque d'autant plus justifiée qu'elle a eu sa confirmation dès Décembre 1920 quand les circulaires ministérielles françaises contrairement à l'art. 9 de la convention franco-polonaise ont imposé rigoureusement aux portes-frontières de n'admettre que les ouvriers porteurs d'un contrat.

vention. Et enfin, le troisième cas est celui de ces travailleurs qui se présentent sans contrat de travail.

Or de ces trois catégories, les premiers « pourront
se rendre à leur destination » (art. 8) et les seconds et
les troisièmes seront reçus et placés en règle par les
services de placement gratuit proches de la frontières.

L'article 10 prévoit les cas exceptionnels où soit
l'état du marché en général, soit celui d'une profession seulement, temporairement ou d'une façon stable,
se sentiraient totalement satisfaits. Or, dans ces cas,
les gouvernements s'obligent à s'en avertir par voie
diplomatique et, s'il le fallait, à arrêter d'un commun
accord toutes les mesures utiles pour restreindre le
mouvement devenu superflu et même nuisible.

4. Viennent ensuite les articles concernant le recrutement collectif (art. 11-14). De ces articles, l'article 12
détermine :

1) que les régions où se fera ce recrutement, comme
aussi celles où il sera dirigé seront choisis par les
pays intéressés ;

2) et ensuite que le nombre ou la catégorie des ouvriers recrutés seront fixés par l'accord commun.

Pour être bien renseignés sur les besoins ou l'état
de marche du travail, de manière à ne nuire, ni au
développement de l'un des pays, ni aux travailleurs
nationaux de l'autre, une commission spéciale se réu-
nissant une fois par an sera constituée et pourvue
d'un comité consultatif mixte des représentants patronaux et ouvriers.

3) Quant au fonctionnement de ce recrutement collectif, il est stipulé (art. 13) les trois conditions suivantes :

a) Seuls les organismes officiels de placement en
seront chargés.

b) Les ouvriers ainsi recrutés passeront ensuite devant un service chargé d'acceptation. Cette acceptation, éventuellement classification ou même refus, sera effectuée, soit par une mission gouvernementale du pays de destination, soit par le représentant d'une organisation professionnelle, soit enfin par le représentant de l'employeur comme délégué, agréé par les deux gouvernements.

c) Viennent enfin les demandes et les contrats qui doivent être signés par les entrepreneurs et les ouvriers. Or, pour assurer les conditions posées de la convention, le logement et l'alimentation convenables un double visa des deux gouvernements est imposé (1).

Sur ces prescriptions s'achevait cette première convention, acte fondamental et capital à la fois.

Elle était suivie par des accords nouveaux, mais ils n'étaient d'ailleurs que ses corollaires. On en compte quatre qui ont une portée générale.

1° Convention relative à l'assistance et à la prévoyance sociale, signée à Varsovie le 14 Octobre 1920.

2° Protocole relatif au régime de l'immigration des travailleurs polonais en France signé à Paris, le 17 Avril 1924.

3° Pareil protocole du 3 Février 1925 et enfin

4° Accord relatif à l'exécution de la convention franco-polonaise d'assistance du 3 Novembre 1926.

Comme dans les chapitres qui vont suivre et spécialement quand nous aurons à décrire la vie professionnelle et sociale de l'ouvrier polonais agricole en France, nous reviendrons encore à ces actes et à leur analyse plus détaillée, nous nous bornerons ici à les

---

(1) Suivent ensuite les articles 14, 15, 16 sans portée réelle, comprenant les dispositions ultérieures à prendre (art. 14), soit l'application rétroactive (art. 15) soit enfin la durée et la ratification de la convention (art. 16) et du protocole.

signaler. C'est justement en vertu de ces accords qu'on a commencé presque simultanément a créer des organismes devant se charger de l'émigration ainsi que le recrutement lui-même. (1)

II. Organismes polonais et Organismes français chargés de l'Émigration

A. — *Organismes polonais.*

L'article 13 de la convention stipule :

« Le recrutement collectif (2) sera effectué dans les limites indiquées ci-dessus et sous le contrôle de l'administration qualifiée du pays où il s'opère par les organismes officiels de placement du pays sur le territoire duquel se fait le recrutement ».

D'où quoique l'initiative de tout recrutement qui veut être réel ne puisse provenir que du pays de destination, pourtant le recrutement lui-même dans le pays de provenance de l'émigré ne peut émaner, comme le demande la souveraineté de chaque Etat, que de lui-même, c'est-à-dire de ses « organismes officiels ». Plus explicite encore, le même article 13 indique de suite ces organismes pour la Pologne : « Bureau national de placement et de protection des

____

(1) Après le recrutement déjà mentionné des ouvriers polonais agricoles de 1909 — il est a noter dans l'histoire de l'émigration polonaise en France, le recrutement de 1913. Il a donné à la France des dizaines de mille d'ouvriers, mais comme ce n'étaient que des ouvriers industriels venant des mines de la Westphalie allemande, nous le passons sous silence.

(2) Nous ne considérons ici que le recrutement collectif, car pratiquement, quoique minutieusement réglementée, l'émigration ouvrière individuelle à cause des diverses formalités tant pour sortir que pour rentrer est le plus souvent jointe au recrutement collectif.

émigrants » et pour la France « Office national de placement ».

Et la convention ne fait pas d'allusion plus explicite à aucun autre organisme polonais si ce n'est dans la désignation de « l'administration qualifiée, qui est chargée de contrôle ».

Or, comme il était tout à fait naturel dans un Etat nouveau, comme celui de la Pologne, cette administration qualifiée concernant l'émigration ne cessait de s'organiser.

Forme dernière et définitive de cette administration, c'est l'Office d'Emigration (1) qui, créé par le Ministère du Travail et de la Prévoyance sociale le 22 Avril 1920, reçut sa constitution définitive le 20 Octobre 1924. Sa compétence, par son caractère officiel plus large que celui de la Société Générale d'Immigration française, peut se comparer avec le seul Commissariat Royal de l'Emigration, qui fonctionne en Italie. Très multiples et très variées sont ses attributions. En voici les principales :

A l'Office d'Emigration appartient :

1) De préparer les lois et décrets ayant à régler, dans la limite de sa compétence, les questions d'émigration et d'immigration ;

2) D'exécuter ces mêmes lois et décrets et étendre sa protection sur les émigrés ;

3) De préparer avec le Ministère des Affaires étrangères les conventions et tous les accords internationaux concernant les migrations ainsi que surveiller leur exécution ;

4) D'élaborer les contrats-types et régler l'embauchage des ouvriers polonais pour l'étranger, ainsi qu'empêcher tout embauchage illégal et la propagande nuisible ;

____

(1) Urzad Emigracyjny.

5) De recueillir les renseignements concernant les possibilités d'immigration et les conditions d'existence dans les divers pays pour la main-d'œuvre polonaise et communiquer les requêtes ;

6) D'émettre son opinion sur les concessions à faire aux diverses compagnies de transport et organiser le transport des émigrants et des réémigrants ;

7) De défendre les droits et les intérêts des émigrants dans le pays de séjour, aider, subventionner et surveiller toutes les institutions soit sociales, soit économiques en Pologne ou à l'étranger qui ont pour but de porter secours aux émigrants ou aux réémigrants ;

8) De tenir avec l'Office Central des Statistiques les statistiques du mouvement migratoire des Polonais, etc, etc.

Toutes ces fonctions, si diverses, l'Office d'Emigration les exécute aussi par les moyens les plus divers. Et notamment par son bureau central d'abord, lequel est composé de trois départements, du département Général, du Département d'Emigration d'outre-mer et d'Emigration contentinentale et enfin du Département d'Etudes et d'Informations, ressemblant plutôt à un grand Ministère qu'à un office.

A l'étranger, ses fonctions sont assurées par les Conseillers d'Emigration, les Consulats (1) et dans une certaine mesure même par les Protections Polonaises ; en Pologne par toutes les nombreuses succursales dispersées dans le pays entier et dont nous ne citerons

---

(1) Les compétences et les rapports de ces conseillers et des consulats avec l'Office d'Emigration ont été défini d'un commun accord par le décret du Ministre des Affaires étrangères et celui du Travail et de la Prévoyance sociale en date du 22 Mars 1923.

que celles de Lwow, Czestochowa, Gdynia, Wejherowo, Tczew, Zbaszyn, Myslowice, Gdansk, etc.

L'Office fait paraître son périodique mensuel « Bulletin de l'Office d'Emigration » (1) qui, en informant les organismes dépendant de l'Office des questions d'émigration, en publiant des lois et des décrets, en fournissant des statistiques du mouvement migratoire ainsi que du marché intérieur du travail, intéresse à ce problème le grand public. Action qui, renforcée par les congrès et les conférences, suscite des sociétés et provoque l'action sociale privée capable de s'intéresser aux questions d'émigration et de compléter l'œuvre de l'office qui collabore d'ailleurs avec elle.

Au dessus de l'Office d'Emigration il y a le Conseil d'Etat pour les affaires de l'Emigration (2) qui, créé le 9 Juin 1921 est régi maintenant par le décret du 8 Juillet 1925.

Composé de 8 membres spécialistes en matière d'émigration, proposés par le Directeur de l'Office d'Emigration et nommés par le Ministère du Travail et de la Prévoyance sociale, ce Conseil doit être le suprême modérateur et contrôleur de l'action pratique de l'Office.

Dans le domaine théorique l'action de l'Office d'Emigration est aidée par l'Institut des Etudes scientifiques sur l'émigration et la colonisation. Celui-ci composé de savants et non d'employés d'administration, par conséquent indépendant, est appelé à un grand avenir. Son organe est le « Kwartalnik », lequel, fondé en même temps que l'Institut lui-même, compte parmi ses collaborateurs, les spécialistes les plus éminents.

---

(1) Biuletyn Urzedu Emigracyjnego.
(2) En polonais, Panstwowa Rada Emigracyjna.

B. — *Organismes français.*

Nous avons mentionné plus haut le fait d'élaboration successive des organismes ayant à s'occuper de l'émigration en Pologne. D'une manière tout à fait semblable les choses se sont passées en France. Il est vrai que les causes pour les deux pays n'étaient pas les mêmes, mais au fond elles n'étaient pas si dissemblables. La France n'avait pas besoin, comme la Pologne, de créer une administration générale, mais de se créer une administration d'immigration.

Les années de la Grande Guerre ont déjà fait beaucoup, nous l'avons vu plus haut. Il fallait maintenant passer du domaine des principes au domaine de la pratique, du domaine des contrats-types et des conventions, au domaine du recrutement, du transport et de la répartition des ouvriers qu'on voulait faire venir. Or, ce qu'il fallait créer et qui manquait en France, s'étaient précisément ces organismes ayant à s'occuper de la pratique d'immigration.

Jusqu'alors il n'y a pas en France d'office central d'immigration. Les fonctions diverses d'un tel office sont assurées tantôt par les ministères respectifs, tantôt d'une façon intermittente par la Commission interministérielle de l'Immigration, laquelle existante dès 1920 relève du Ministère des Affaires Etrangères.

En ce qui concerne l'immigration polonaise en France, il existe actuellement en Pologne deux organismes français : la Mission officielle et l'organisme privé professionnel, c'est-à-dire la délégation française de la Société Générale d'Immigration. Le premier, pour la représentation, le contrôle et la surveillance, en particulier pour la surveillance médicale, et le second pour le recrutement lui-même, c'est-à-dire pour la sélection professionnelle, l'hébergement, le transport, la répartition, etc.

Les compétences de ces deux organismes et surtout les compétences sur le territoire polonais ont été assez minitieusement décrites par une série d'arrangements et de protocoles dont les premiers et les principaux ont été ceux du 27 Juin 1923 et du 21 Mars 1924.

Quant aux organisations ayant à s'occuper de l'émigration et existant sur le territoire français, elles se divisent en trois groupes : 1° les organisations qui sont chargées de la répartition, de l'hébergement et du transport des immigrants et qui ne sont que la continuation des organisations similaires existant en Pologne ; 2° les organisations du contrôle d'exécution des stipulations, soit de la convention en général, soit des divers contrats passés entre l'ouvrier et le patron, et 3° enfin les organisations ayant pour but l'aide sociale ou la protection morale des immigrants.

Nous réservant de parler plus loin des deux derniers groupes, nous ne nous arrêterons ici que sur les premiers.

III. Recrutement des ouvriers polonais pour la France

C'est en France, chez le demandeur de la main-d'œuvre étrangère que se placent les premières formalités concernant l'introduction. La première d'entre elles c'est la demande d'ouvriers. C'est une formule générale complétée par le demandeur et contenant : 1°) l'adresse exacte du demandeur ; 2°) l'objet de la demande avec l'indication de la catégorie de l'ouvrier ; 3°) le salaire et 4°) les conditions de logement.

Suivent ensuite les stipulations générales par lesquelles l'employeur signataire s'engage : 1°) à exécuter toutes les clauses du contrat qui en son nom sera signé par l'organisme de l'embauchage en Pologne ; 2°) à accepter l'ouvrier qui lui sera envoyé, même si en raison des conditions économiques indépendantes de l'organisme, les frais établis étaient augmentés et 3°) même s'il y avait erreur dans la sélection.

Ainsi garantie et complétée, la demande passe des mains de l'employeur ou de la société qui agit en son nom, à l'office départemental de placement. Cet office après avoir vérifié les conditions, la passe à l'Office Central de la main-d'œuvre agricole, celui-ci à la Société Générale d'Immigration pour aboutir par la voie diplomatique à l'Office d'Emigration polonais, qui à son tour lui donne suite sur le territoire polonais (1).

L'Office d'Emigration de Pologne pour donner suite aux demandes qui lui parviennent, a aussi tout un mécanisme à mettre en œuvre. Ses collaborateurs principaux sont le P. U. P. P. (Offices des placements d'Etat). Dispersés dans tous les principaux centres du pays, ces offices réunissent de leur côté les renseignements sur le marché du travail, fournissant en même temps le nombre exact de ceux qui désireraient partir pour la France.

Dans ces P. U. P. P. se font les premières formalités relatives au sélectionnement, qui n'est cette fois-ci que sommaire. Munis d'une fiche, les éléments reçus sont dirigés ensuite vers les deux grands centres, l'un situé au nord, l'autre au sud de la Pologne. Ces grands camps d'émigration polonaise sont Myslowice pour les ouvriers venant du sud, et Wejherowo pour ceux du nord.

Dans ces deux camps se font toutes les autres formalités nécessaires, notamment la sélection profes-

---

(1) Pour les demandes nominatives ou demandes collectives des établissements qui désirent à la fois plusieurs ouvriers, après le visa de l'Office Central vient s'intercaler le visa du Consulat de Pologne, qui de son côté vérifie le plus souvent par ses Opieka's, les conditions offertes dans la demande.

sionnelle définitive, l'examen médical, l'examen professionnel, technique, la signature des contrats, l'établissement des passeports, etc.

C'est ici, enfin, qu'accompagnés des délégués spéciaux, les ouvriers acceptés par la Mission française vont être embarqués pour être transportés vers la France. Il y a deux voies pour ce transport, voie ferrée pour le centre de Myslowice et voie maritime pour le centre de Wejherowo.

Ces transport, comme d'ailleurs tout ce mécanisme de recrutement si compliqué, surtout au commencement, laissait encore beaucoup à désirer. Des plaintes s'accumulaient. Le centre de Myslowice (1), le transport par mer et le camp de Toul étaient le plus souvent l'objet.

Enfin, les divers anneaux de cette chaîne du mécanisme, ce sont les centres de Toul, du Hâvre ou de Dunkerque, centres de la répartition des ouvriers ainsi procurés aux établisements ou aux demandeurs particuliers. Munis d'un sauf-conduit, ces ouvriers sont dirigés aux chefs-lieux des départements où ils sont à la disposition des intéressés.

IV. Statistique des ouvriers polonais agricoles en France

Il existe plusieurs statistiques relatives à notre sujet et des statistiques discordantes. Statistique polonaise des départs, statistique française d'arrivée, et enfin statistique établie sur place par les autorités soit polonaises, ambassade ou consulats, soit françaises comme des préfectures. A quoi tiennent les différences ?

---

(1) Le centre de Myslowice est organisé comme celui de Toul, par la S.G.D.I. française, le centre de Wejherowo par l'Office d'Emigration de Pologne.

Voici d'abord pour les statistiques polonaises. La plus grande difficulté résulte du fait de la nouvelle existence de l'Etat polonais. Nous avons déjà vu plus haut comment, l'un après l'autre, surgissaient les organismes ayant à s'occuper de la question. Tout était à faire et à organiser dans un Etat qui commençait. Or, non seulement c'est cette difficulté d'organisation qu'il faut incriminer, mais encore la guerre polono-bolchevique de 1920, ensuite les frontières pendant longtemps indéterminées, le manque de postes-frontière bien établis, etc., etc...

Et cela précisément à l'heure où l'émigration battait son plein.

Une seconde difficulté venait des méthodes employées aussi bien en Pologne qu'en France.

Ajoutons enfin à cela l'émigration polonaise provenant de Westphalie et de la Rhénanie allemande, l'émigration des éléments qui avaient fait la guerre et qui une fois les hostilités terminées, n'avaient plus le désir de revenir chez eux, l'émigration individuelle, l'émigration clandestine, et voilà toute une série de difficultés qui s'opposaient à un recensement rigoureusement exact.

Dernière catégorie de difficultés : c'était celle de la répartition professionnelle des émigrants polonais.

Vu que toutes les branches de la vie économique française avaient un besoin très marqué de main-d'œuvre, elles se disputaient chaque jour et pendant longtemps les immigrés. Il est vrai que la main-d'œuvre polonaise est en majeure partie agricole. Dans les mineurs silésiens et surtout ceux de l'ancien bassin rhénan allemand, la plupart sont des travailleurs agricoles ou des manœuvres sans profession déterminée.

Pourtant l'attraction des villes, leur facilité de vie, les salaires plus élevés, la journée de travail bien définie et bien délimitée, tout cela produisait, malheureusement pour l'agriculture ses funestes effets. Si funestes que le législateur français, éclairé par l'opinion publique, s'est vu dans l'obligation d'intervenir. Et ainsi la loi de 1926 apporta quelque stabilisation dans les professions.

Mais comme cette loi n'avait pour but que de protéger l'agriculture contre les désertions souvent répétées, et non pas les autres professions, et enfin, comme c'était à prévoir, la question étant trop importante et touchant à trop d'intérêts vitaux d'autres industries, son introduction laissa de nombreuses échappatoires.

Enfin la conception d'ouvrier agricole étant assez vague a causé aussi par elle-même beaucoup de divergences. Un domestique, un terrassier, un travailleur forestier, un travailleur de sucrerie, de râperie, de briqueterie, etc., peut sous certains rapports, être considéré comme ouvrier agricole.

De tout cela, il faut tenir compte quand on veut s'appuyer sur les statistiques. Celles que nous allons donner ne seront pas plus exactes. Mais ce qu'elles permettent de conclure pourra néanmoins être juste, et c'est notre but.

D'après les sources françaises (1) il est venu en France, de 1920 (2) à 1930 un nombre total de 1.685.763 étrangers dont 336.000 Polonais.

---

(1) Bulletin du Ministère du Travail, Juillet à Septembre 1926 ; Journal Officiel des 4 Mars 1927 ; 30 Mars 1928 ; 15 Mars 1929 ; 8 Mai 1930.

(2) L'immigration polonaise vers la France a commencé dès 1919. Mais ni les statistiques françaises ni les statistiques polonaises n'ont de répartition par nationalités qu'à partir de 1920. D'après les statistiques polonaises, il n'est parti pourtant en 1919 que 804 personnes au total pour tous les pays d'Europe. La différence est donc insignifiante.

Ce dernier chiffre des Polonais en général se répartit de la façon suivante :

Nombre des ouvriers polonais introduits en France de 1920 à 1930

Années	Agriculture	Industrie	Total
1920	1.712	14.651	16.363
1921	1.968	9.345	11.313
1922	8.462	28.970	37.432
1923	23.226	31.447	54.673
1924	17.749	23.265	41.014
1925	13.080	17.554	30.634
1926	19.177	34.134	53.311
1927	6.773	3.208	9.981
1928	11.707	12.910	24.617
1929	16.087	39.182	55.269
1920–1930	119.941	216.066	336.007

Pendant la même période sont partis pour la Pologne 43.967 Polonais. Il est donc resté un effectif total de 292.040.

Il est clair que ce chiffre ne comprend pas les enfants polonais nés en France et qui l'augmentent sensiblement. Pour pouvoir évaluer ce chiffre global de la population polonaise restant en France, il faudrait donc ajouter au nombre précédent 1°) le nombre des Polonais arrivés, mais échappés à l'enregistrement 2°) ajouter le nombre des enfants nés jusqu'au 1er Janvier 1930 et 3°) déduire du chiffre obtenu le nombre général des décès.

Malheureusement comme le dernier des recensements généraux de la population de France date du 1er Janvier 1926, c'est donc à ce recensement qu'il nous faudra recourir, le compléter autant que possible par des statistiques partielles plus récentes, et au moyen des comparaisons tirer des conclusions jusqu'à la date du 1er Janvier 1930.

D'après ce dernier recensement général la population

polonaise en France s'élevait à la date du 1ᵉʳ Janvier 1926 à 411.582 individus.

Ce chiffre se répartissait comme suit :

Ouvriers de l'Agriculture	32.483
— de l'Industrie	194.200
— des Mines	184.999
Total . .	411.582

Etablissant maintenant un calcul de comparaison entre l'année 1926 et l'année 1930 nous pouvons conclure que si aux 191.429 ouvriers introduits jusqu'à 1926 correspondait le chiffre global de 411.582 Polonais en 1926 — en 1930 pour 336.007 travailleurs introduits il devrait y avoir de 650 à 700.000 Polonais, en général.

Etant donné que le nombre des ouvriers introduits aussi bien que celui indiqué par le recensement, ont eu des omissions, par suite de ceux qui ont pu échapper à ces statistiques — les chiffres généraux devraient être majorés. Et, en effet, d'après les statistiques polonaises (1) basées sur le nombre des visas de sortie le nombre d'émigrants polonais en France, devrait être :

En 1920	13.389
1921	9.306
1922	29.840
1923	70.898
1924	48.912
1925	40.880
1926	68.704
1927	16.211
1928	32.145
1929	77.712
Total de 1920-1930	407.997

Ce chiffre serait donc supérieur de 71.990 unités, du

---

(1) D'après les statistiques fournies par M. le Conseiller de l'Emigration de l'Ambassade de Pologne à Paris.

chiffre donné par les sources françaises. Déduisant une certaine part pour ceux qui ayant obtenu les visas se sont abstenus et sont restés en Pologne, on obtiendrait tout de même une différence dépassant 50.000, ce qui, d'après les calculs effectués plus haut devrait majorer le chiffre global d'au moins 100.000 et porterait l'ensemble des Polonais en France de 750 à 800.000 personnes.

C'est aussi par un calcul semblable que nous pourrons arriver à savoir le nombre de Polonais occupés à la date du 1er Janvier 1930 dans l'Agriculture française.

Arrêtant dans le premier tableau la liste des ouvriers polonais agricoles arrivés en France jusqu'à la date du 1er Janvier 1926 nous obtiendrions le chiffre de 69.197 ouvriers. Le recensement de la même date nous en montre seulement 32.483. Donc il y aurait une diminution de 36.714 personnes qui seraient soit retournées en Pologne (environ 3.000), soit passées dans des professions autres que la profession agricole telles que l'industrie, les mines, le service domestique.

Depuis le 12 Août 1926 existe en France une loi spéciale contre le débauchage. Elle interdit tout débauchage durant la première année de séjour en France et fixe au moins pour cette année l'ouvrier dans sa profession déterminée. Bien qu'il ne faille pas exagérer les résultats de cette loi, on doit pourtant constater que depuis sa publication les changements étant plus difficiles sont aussi moins nombreux.

Prenant donc la proportion de l'année 1926 et considérant les résultats probables de ladite loi, du nombre total des 119.941 Polonais introduits en France comme ouvriers agricoles jusqu'au 1er Janvier 1930, il faudrait évaluer à 60-75.000 le nombre total des Polonais réellement occupés à cette date dans l'Agriculture française.

Pour avoir ensuite une idée de la répartition territoriale de ces ouvriers et n'ayant pas de statistique exacte se rapportant à ce sujet pour l'année 1930, nous ne nous arrêterons que sur les statistiques de l'année 1926.

Or dans les premiers jours de cette année, les 32.483 ouvriers polonais agricoles étaient répartis entre 85 départements, dont 10 avaient chacun plus de 1.000 personnes ; 8 en avaient de 500 à 1.000 ; 11 de 200 à 500 et enfin 56 départements où ces ouvriers n'étaient qu'entre 1 et 200 par département.

Voici les trois premiers groupes de départements :

DÉPARTEMENTS	TOTAL	HOMMES	FEMMES	ENFANTS
Aisne	3.476	1.699	1.173	604
Oise	3.383	1.814	901	668
Somme	2.585	1.165	1.099	321
Loiret	1.921	1.303	553	65
Seine-et-Oise . . .	1.841	1.097	423	321
Pas-de-Calais . . .	1.795	884	819	92
Nord	1.598	532	942	114
Seine-et-Marne . .	1.522	889	355	265
Marne	1.449	784	579	86
Calvados.	1.003	353	620	30
Aube	910	507	348	55
Yonne	831	567	242	22
Eure	819	434	316	72
Côte-d'Or	704	580	112	12
Ille-et-Vilaine . .	696	422	266	8
Eure-et-Loir . . .	647	558	73	16
Ardennes	577	363	176	38
Cher	441	259	166	17
Aveyron	401	220	171	10
Loir-et-Cher . . .	361	46	308	7
Mayenne.	339	171	160	8
Sarthe	334	146	186	1
Orne	344	217	101	26
Haute-Marne . . .	327	165	150	12
Seine-Inférieure. .	308	91	205	12
Gironde	282	125	101	56
Vienne	262	186	68	8
Maine-et-Loire . .	205	185	20	—
Deux-Sèvres . . .	201	154	44	3

Enfin quant à la répartition selon les sexes dans le nombre général de 32.483 il y avait :

Hommes	18.287.
Femmes	11.399.
Enfants	3.087.

Parmi les femmes et enfants on compte respectivement — pour les femmes environ 90 % qui sont réellement occupées dans des fermes ; et 10 %, qui s'occupent exclusivement des travaux de leur ménage ; et pour les enfants — on évalue à peu près à 1.000 ceux d'entre eux qui s'occupent de la garde des troupeaux.

Pour indiquer la part des travailleurs polonais dans l'ensemble des ouvriers agricoles introduits chaque année pour l'agriculture française on évalue respectivement leur part :

en 1920	à	2,72 %	en 1925	à	18,22 %
en 1921	à	3,64 %	en 1926	à	30,36 %
en 1922	à	11,98 %	en 1927	à	14,7 %
en 1923	à	29,54 %	en 1928	à	19 %
en 1924	à	19,68 %	en 1929	à	24,24 %

En revenant maintenant au nombre total de 60 à 75.000 Polonais, occupés à la date du 1er Janvier 1930 dans l'agriculture française il faut constater que ce chiffre ne représentant pas plus d'un dixième de la population polonaise générale vivant en France — cette partie de l'immigration polonaise est loin d'être la plus importante de toutes.

Pourtant il y a d'autres points de vue, qui donnent à ce nombre relativement restreint une réelle importance et par conséquent ont droit à retenir notre attention.

La Pologne comme la France sont des pays essentiellement agricoles. Leur avenir et leur prospérité dépendent avant tout de l'agriculture. Quoique donc ces ouvriers agricoles ne soient qu'un faible pourcentage dans l'ensemble de l'émigration polonaise en France, ils intéressent pourtant non seulement telle ou telle branche de l'activité industrielle, tel ou tel département, telle ou telle province, mais les deux pays tout entiers. Ensuite, les doléances et les difficultés si nombreuses dans cette catégorie d'ouvriers agricoles font elles aussi ressortir son importance.

Dans nos développements ultérieurs, nous reviendrons encore là-dessus, mais nous pouvons dès maintenant observer que c'est un fait tellement connu de tous ceux qui s'intéressent tant soit peu à la question de l'émigration qu'il serait superflu d'insister davantage.

CHAPITRE III.

La vie professionnelle
de l'Ouvrier polonais agricole en France

La vie professionnelle des ouvriers polonais en France trouve son premier fondement dans la con- vention franco-polonaise elle-même.

Ce fondement c'est l'article 2 de la convention qui stipule :

« Les travailleurs immigrés recevront, à travail égal, une rénumération égale à celle des ouvriers nationaux de même catégorie, employés dans la même entre- prise, ou à défaut d'ouvriers nationaux de même caté- gorie employés dans la même entreprise, une rémuné- ration basée sur le taux de salaire normal de la ré- gion ».

Article très juste en soi car il assure à la fois et défend les intérêts des ouvriers immigrés aussi bien que ceux des ouvriers nationaux. Des nationaux, car il supprime la sous-concurrence malsaine capable de baisser les salaires en général ; des immigrés aussi car sans cela dans la lutte des intérêts ces derniers moins bien armés dans les moyens de défense, ayant à compter avec la xénophobie et une méfiance presque naturelle des autorités locales seraient toujours expo- sés à subir des échecs.

D'autres articles de la convention se référant à cette vie professionnelle de l'ouvrier sont : l'article 8 pour l'immigration individuelle et l'article 13 pour le recrutement collectif. Ils imposent aux ouvriers immigrants la possession d'un contrat de travail. Or si c'est une exigence de toute première importance, c'est aussi une garantie.

Une seconde source de stipulations ayant à régler au moins pendant la première année du séjour la vie professionnelle de l'ouvrier immigrant se trouve dans le contrat de travail. La troisième est la demande d'ouvrier que signent les patrons ayant besoin de la main-d'œuvre polonaise avant son arrivée.

Dans nos considérations antérieures, nous avons déjà résumé la convention, la demande n'est à vrai dire aussi qu'un bref résumé du contrat de travail, qui sera signé ensuite ; tout peut donc se réduire maintenant à ce dit contrat.

I. Contrat d'embauchage pour ouvrier agricole polonais

Du jour de son établissement le contrat, regardé déjà par la convention franco-polonaise d'immigration comme son complément naturel et nécessaire, a subi plusieurs retouches.

Ayant à régler la vie ouvrière avec toute sa complexité il n'en pouvait être autrement. Même le nombre des articles, qui n'était d'abord que de 13 s'est déjà enrichi de trois nouveaux, ce qui le porte actuellement au nombre de 16.

Dans l'appendice de notre dissertation nous donnerons le texte complet de ce contrat. Pourtant comme il nous faudra nous y référer plusieurs fois dans ce chapitre, un résumé s'impose.

Il serait trop long de faire l'histoire complète des retouches qui ont été introduites. Nous les verrons quand nous analyserons les principales difficultés d'application de ce contrat. Ici nous ne résumerons que la dernière des rédactions.

Bien que nous ayons mentionné que cette rédaction comprenait 16 articles, il est utile de faire remarquer que le titre de chaque contrat comprend à lui tout seul ses données essentielles. Nous y trouvons en effet : 1° l'adresse exacte de l'employeur ; 2° la durée exacte du contrat (pour les ouvriers agricoles d'habitude 12 mois) ; 3° la catégorie à laquelle appartient l'ouvrier : bouvier, charretier, vacher, etc ; 4° les conditions de la nourriture et enfin 5° celles du logement.

Et c'est seulement quand tout cela est bien défini que commencent les 16 articles mentionnés.

Ils stipulent :

L'Art. 1° que « l'employeur assurera aux ouvriers contractants à dater du lendemain de leur arrivée et pendant la durée du contrat un travail continu ».

L'Art. 2 garantit respectivement à l'employeur que ses ordres seront correctement exécutés et à l'ouvrier polonais qu'il sera traité « dans les mêmes conditions que l'ouvrier français » que sa « dignité personnelle » et même sa « dignité nationale » seront respectées.

Ce principe d'égalité avec l'ouvrier français une fois émis recevra dans l'art. 3 mais surtout dans l'art. 4 son développement et son application la plus générale. Ici encore comme dans l'art. 2 de la convention l'égalité de traitement est assurée à l'ouvrier polonais. Elle s'étend même aux indemnités s'ajoutant au salaire ainsi qu'aux allocations familiales qui seront accordées. Il est tout naturel que, dans ces conditions, à cette égalité de traitement viennent correspondre les exigences de prestations égales.

Ces prestations sont précisées dans l'art. 3. Elles comportent :

Exécution du travail conformément aux coutumes

locales ; interruptions dans le travail pour les repas ; efforts supplémentaires, s'il y a lieu, moyennant paiement par exemple au moment de la fenaison, de la moisson, etc ; et enfin le travail les Dimanches et les jours des fêtes comme et quand le font les ouvriers français.

Une seule exception est admise. L'ouvrier polonais en général, mais surtout l'ouvrier polonais agricole, est foncièrement catholique. On savait bien qu'il souffrirait péniblement de ce dernier point d'égalité et on s'est trouvé dans l'obligation de transiger. A l'exemple des ouvriers français, on a obligé à travailler ces jours-là aussi les ouvriers polonais — « mais de telle façon qu'ils soient libres d'assister aux offices religieux ».

Vient ensuite à titre de renseignement un recensement complet des fêtes religieuses chômées en France.

L'Art. 5 définit les salaires. Et pour bien les définir il distingue *a*) le salaire sans nourriture et sans blanchissage ; *b*) le salaire avec nourriture et blanchissage et enfin *c*) le salaire des enfants de moins le 16 ans. Ce dernier dans les conditions librement débattues entre l'employeur et les parents.

Dans les catégories des salaires, il y a deux éléments, l'un est invariable : le logement, l'autre — un certain salaire en argent, — qui varie selon les catégories professionnelles, selon les sexes, et enfin selon l'âge des travailleurs.

En général, sur chaque contrat se trouvent encore trois chiffres représentant le salaire en argent. Ces chiffres correspondent, ou au moins en principe doivent correspondre aux trois salaires moyens de trois régions de la France.

L'article est terminé par quelques remarques dont trois principales concernent l'application de la modification des salaires survenue en cours de contrat dans la région ; la 1ʳᵉ et la 2ᵉ traitant du passage éventuel des ouvriers nourris à la catégorie des ouvriers non nourris, s'ils ne sont pas satisfaits de la nourriture fournie, et la troisième, concernant la transformation possible du salaire mensuel en salaire à la tâche.

L'article 6 définit la comptabilité des payements des salaires. Question très importante, surtout dans le commencement du contrat, vu l'impossibilité presque absolue de se comprendre. Pour obvier à cette difficulté un livret de comptes spécial est établi, divisé en colonnes et composé en deux langues ; il est destiné à porter dans ses colonnes respectives tous les payements effectués à l'ouvrier : salaires, primes, avances, payements en nature, retenues, etc.

Ce livret, ainsi que les autres documents personnels (art. 7) tels que le passeport, le contrat, la carte d'identité, la carte d'immatriculation, doit toujours rester chez l'ouvrier. Il ne doit le passer à l'employeur que pour les paiements à effectuer et à y inscrire.

Vu les frais de transport assez élevés (près de 700 francs par personne), il se trouve beaucoup d'ouvriers qui ne pourraient pas de ce fait se rendre en France. Et ce serait surtout le cas des familles si nombreuses en Pologne. Pour résoudre cette difficulté, et ensuite introduire dans ces formalités d'embauchage déjà si compliquées tant soit peu d'uniformité, l'article 8 du contrat met tous ces frais à la charge de l'employeur. C'est une avance, comme le dit le contrat. Pour la garantir, l'employeur aura le droit d'effectuer des retenues sur les salaires, mais seulement jusqu'à concurrence d'une somme totale de 250 francs. Cette garantie calculée comme représentant 1/10 du salaire y compris la nourriture est remboursable à l'ouvrier qui a accompli son contrat intégralement.

L'Article 9 revient à la question du logement, qui doit être « à part pour les familles et ménages », salubre pour tous et séparé pour les célibataires de différents sexes. Il comprendra aussi un lit pour chacun avec paillasse, traversin, draps et couvertures. Ces logements seront chauffés et éclairés.

L'Article 10 envisage successivement pour ces mêmes ouvriers les cas d'accidents du travail, cas de maladie et de décès.

Pour le cas d'accidents du travail « les ouvriers polonais bénéficient de la législation française ».

Pour la maladie, l'article distingue : maladie légère, ne devant pas normalement dépasser les 7 jours, et dans ce cas, tous les soins même médicaux et pharmaceutiques doivent être assurés par l'employeur, et maladie grave où l'employeur devra demander au Maire ou en cas de difficultés, au Préfet, l'admission à l'Assistance et l'hospitalisation gratuite.

Dans ce dernier cas, si la maladie n'a pas durée plus de quatre semaines, le contrat de travail reprendra son cours, jusqu'à son expiration.

Pour le cas de décès, le contrat oblige l'employeur *a)* « à s'occuper de l'enterrement » et *b)* à faire parvenir au juge de paix l'acte de décès,

des renseignements sur le défunt et sa famille, et enfin le produit de la succession.

Suivent les articles concernant la résiliation éventuelle du contrat.

L'Article 11 énumère les cas de résiliation par l'employeur. Ces cas sont : 1) refus d'obéissance de l'ouvrier; 2) sa mauvaise conduite pouvant troubler le bon ordre de l'exploitation ; 3) ses violences vis-à-vis d'autres personnes ou même des animaux et enfin 4) s'il y a maladie contagieuse, quand il se refuse d'aller à l'hôpital. L'article ajoute que « dans les deux premiers cas, le contrat ne pourra être résilié qu'après un préavis de 15 jours ». Dans les autres cas, la résiliation pourra avoir lieu immédiatement après la constatation.

L'Article 12 énumère les cas de résiliation pour l'ouvrier. Ces cas sont : 1) les violences ou les injures verbales courantes de la part de l'employeur ou de ses préposés, cas de résiliation immédiate et 2) le refus de la remise des documents personnels, cas de résiliation avec préavis de 15 jours.

Pourtant, comme c'est tout naturel dans le cas des litiges, il pourrait y avoir trop de partialité. Pour obvier à cette partialité où ne triompherait que le droit du plus fort, l'article 13 assigne des juges d'office. C'est ou « le Maire, la gendarmerie, le garde-champêtre, des personnes honorables » ou enfin « le Ministère de l'Agriculture », qui seront convoqués pour constater le fait allégué, et à vrai dire pour transiger, sinon trancher le différend.

L'article 14 détermine les pénalités qu'encourt la partie fautive de la résiliation ou rupture du contrat.

Trois sortes de pénalités sont prévues dont deux identiques pour les ouvriers et les patrons. Ce sont « une indemnité égale à autant de fois trois francs qu'il restera de semaines à courir jusqu'à l'expiration du contrat » et 2) des dommages-intérêts qui, en plus de la pénalité mentionnée, pourraient être alloués par les tribunaux. Une troisième sorte, celle-ci spéciale à l'ouvrier, c'est le remboursement à l'employeur des sommes versées pour son voyage, ce qui correspond encore actuellement à une somme générale et moyenne de 250 francs.

Enfin le dernier des articles concernant la résiliation — l'article 15 — ajoute aux cas de résiliation déjà mentionnés le cas de la force majeure obligeant l'ouvrier à retourner chez lui : la mort ou la maladie grave du conjoint, d'un ascendant ou d'un descendant.

Pourtant, pour ces cas là, un certificat officiel du Consulat de Pologne est nécessaire, mais qui une fois acquis libère l'ouvrier de toute indemnité ultérieure qui pourrait être encore dûe au patron.

L'article 16 et dernier comporte l'indication de celui qui sera chargé de la surveillance et de l'exécution du contrat. Il n'est autre que le Ministère de l'Agriculture lui-même ou plus spécialement sa section du contentieux, dénommée : service de la main-d'œuvre et de l'immigration agricoles.

Article très important et qui mérite d'être cité en entier : « Toutes difficultés, dit-il, pouvant surgir entre l'employeur et les ouvriers signataires du présent contrat seront immédiatement signalées au Ministère de l'Agriculture, section du contentieux, soit en langue française, soit en langue polonaise, directement ou par l'intermédiaire des autorités consulaires ».

Suivent la date, le lieu et trois ou quatre signatures : celes du patron, de son représentant, qui est la Société Générale d'Immigration, de l'ouvrier, et deux visas des administrations française et polonaise. (1)

Ainsi conçu, le contrat paraît prévoir tous les cas pouvant se présenter pendant son cours. Pourtant les plaintes sont journalières aussi bien de la part des employeurs que même et surtout de la part des ouvriers.

Comment expliquer ce fait ?

---

(1) Ce dernier visa, c'est-à-dire le visa de l'administration polonaise, n'étant pas obligatoire dans les commencements du recrutement n'est pas mentionné sur la formule de contrat.

II. Les principales sources des difficultés et des différends des ouvriers agricoles polonais

Parmi les raisons indiquant les responsables de ces difficultés, il y en a deux surtout qui sont mises en avant. Elles sont radicalement opposées l'une à l'autre, car la première rejette toute la responsabilité sur le patron, qui, dit-elle, exploite son ouvrier, et l'autre impute tout le tort à l'ouvrier, qui ne serait qu'un vagabond, un brutal, un fainéant, etc.

Et chaque catégorie invoque des faits et des cas réels, vécus, récents, etc. C'est d'ailleurs exact, ces faits sont tels qu'on les décrit et qu'on les invoque de part et d'autre. Seulement, ce qui manque dans ces allégations, ce qui les rend superficielles et même partiales, c'est précisément les conclusions qu'on en tire trop prématurément.

Nous sommes très loin de vouloir nier la force per-suasive des faits. Au contraire, ce sont eux qui cons-titueront le fondement de nos raisons, mais nous nous obligerons à faire encore un pas plus loin afin de remonter de la question de fait à celle de droit.

Il y a de mauvais patrons comme il y a et il y aura toujours de mauvais ouvriers, mais ce ne sont pas eux qui provoquent la plupart des ruptures.

Ce qui est remarquable, c'est que ces ruptures ne proviennent pas tant des uns ou des autres, que des circonstances ou des contrats eux-mêmes.

Beaucoup, comme nous l'avons déjà mentionné, voudraient rejeter tout le tort sur les employeurs. Et ils recrutent leurs partisans parmi les Polonais, comme c'est d'ailleurs très naturel. Ces derniers pour étayer leur théorie invoquent le fait d'un niveau intellec-tuel du cultivateur moyen français assez bas pour

être presque incapable de s'assimiler une autre mentalité que la sienne, l'esprit d'un matérialisme dur,
rude, duquel les sentiments d'humanitarisme chré-
tien ont été depuis longtemps bannis, sa parcimonie
enfin, sa cupidité dans la recherche d'un enrichisse-
ment le plus prompt possible et coûte que coûte.

Or en tout cela il y a du vrai, mais il faut faire la
part de l'exagération.

Il est exact que l'esprit assez étroit du paysan
français dans sa qualité de maître trop exigeant a déjà
suscité des difficultés nombreuses.

Il est vrai aussi que le travail agricole, dur de par
lui-même, endurcit la nature humaine. Et si en plus,
l'esprit matérialiste radical souvent déjà païen et
athée vient s'ajouter à cet endurcissement il n'est
pas étonnant que les conséquences pour les ouvriers et
surtout pour les ouvrières puissent être lamentables.

Enfin il est vrai aussi que le souci des économies
à réaliser n'est pas étranger au paysan français. Ce
n'est pas d'aujourd'hui, mais bien avant la guerre
que la France a reçu le nom de « pays du bas de laine »
ou celui de « banquier du monde ». Or, comme au
paysan français on ajoute le paysan belge, (1) qui
dans le Nord de la France loue déjà presque toutes
les grandes fermes, ces tendances n'en sont que plus
visibles.

Les travaux prolongés outre mesure, les salaires
maigres, parfois même une nourriture insuffisante,
n'en sont que des conséquences quasi naturelles.

Tout cela est vrai, mais il est vrai aussi qu'en général le fermier français n'est pas encore si mauvais
que le dépeignent certains étrangers.

D'ailleurs, même s'il voulait être tel, il se rendrait

---

(1) Dans le seul département agricole de la Somme on
compte plus de 7.000 Belges.

facilement compte de deux choses : du besoin qu'il a de la rare main-d'œuvre agricole, et ensuite de la valeur professionnelle de l'ouvrier polonais.

En réalité, comme nous le reverrons plus bas, ces deux raisons d'adoucissement du sort de l'ouvrier polonais jouent dans l'esprit du fermier français un rôle bien important.

Mais à cette raison pro-ouvrière, on oppose très souvent une autre raison pro-patronale, celle des critiques français.

Pour prouver leur dire, ceux-ci invoquent les ruptures trop souvent répétées et les mettent totalement à la charge des ouvriers. Ils les assimilent à des tziganes incapables de rester longtemps à la même place, trouvant presque du plaisir dans ce changement continuel.

Critiques très acerbes, qui font de ces ouvriers des demi-monstres, des ivrognes, des voleurs, des bandits, etc.

Aidés par quelques faits, mais surtout par la presse sans scrupules, qui sans aucun souci de la vérité, par négligence ou ignorance, attribue à des « Polonais » presque tous les méfaits de la canaille mondiale, ces critiques ne trouvent aucune difficulté à prouver leur théorie.

Or, ici aussi il y a du vrai, mais il y a du faux.

Il est vrai qu'on trouve dans l'émigration polonaise agricole des vagabonds et des aventuriers ; il est vrai qu'on y trouve aussi des individus chez lesquels la démoralisation de la grande guerre, leur séjour dans les casernes ou sur les fronts, ont laissé des traces et des tares quelquefois ineffaçables mais telle n'est pas la masse de ces travailleurs.

On reconnaît ce fait aujourd'hui en France tout comme en Allemagne et en Amérique où l'ouvrier polonais est toujours estimé et recherché.

Ces milliers d'ouvriers polonais surtout agricoles employés en Allemagne, malgré le boycottage et la guerre économique pratiqués par cet Etat vis-à-vis de la Pologne, constituent une preuve de premier ordre et d'autant plus remarquable qu'en même temps des centains de milliers d'Allemands souffrent du chômage.

Il ne serait pas difficile de citer ici des témoignages nombreux appuyant la haute valeur professionnelle de l'ouvrier polonais.

En voici quelques-uns :

C'est une « race laborieuse, saine, prolifique » — dira M. Duhamel, Directeur de la Société Générale d'Immigration (1).

« Les Polonais, dira un juriste français (2), sont patriotes et ils aiment la liberté, ils aiment le faste, les fêtes et la générosité ; ils sont parfois indisciplinés et turbulents, mais leur souplesse, leur facilité d'adaptation, la fantaisie de leur imagination sont des dons précieux ».

« Ces émigrants polonais se sont révélés admirables travailleurs » — travailleurs industriels comme aussi travailleurs de mines et agricoles. Et surtout agricoles car « la plus grande masse du peuple est paysanne, très attachée à son sol dont elle connaît la valeur et les ressources ».

C'est pourquoi, dira un autre auteur français (3) les Polonais, même lorsqu'ils quittent leurs champs pour aller chercher du travail à la ville, sont très prisés comme ouvriers.

« Habiles et consciencieux, sobres et désireux de

---

(1) L'immigration pol. en Fr. Dans le N. Spec. de L' « Information » du 28 Octobre 1928.

(2) M. J. P. Palewski, Les Polonais en France, ibid.

(3) M. Barot-Forlière, Notre Sœur la Pologne, p. 88-89 ; Paris 1928.

s'instruire, ils conservent même là un grand amour pour la terre, soignent avec attention les petits jardins qu'ils peuvent louer ».

D'où, comme l'a remarqué très justement M. l'Abbé Kaczmarek (1) les appréciations sur l'ouvrier polonais concordent et sont les mêmes en général aujourd'hui en France qu'en Allemagne, en Amérique, partout ailleurs.

Leur imputer tous les différends qui naissent serait aussi téméraire qu'injuste, non moins injuste que vouloir imputer tout au seul patron.

Et c'est pourquoi en analysant l'un après l'autre au moins les principaux éléments de la vie de nos ouvriers nous rechercherons les vrais responsables.

a. *Les frais de voyage.*

La première source des difficultés pour les ouvriers polonais agricoles contractants, consiste dans les avances consenties par les employeurs pour leurs frais de voyage de Pologne en France. Il est à noter que le contrat ne semble prévoir la chose que d'une façon exceptionnelle : « Au cas où l'ouvrier ne disposerait pas de ressources suffisantes, l'avance des frais de chemin de fer et de bateau sera faite par l'employeur », (2) mais en réalité cette exception est devenue une règle. Sauf les rares demandes nominatives, toutes les demandes impersonnelles sont telles.

Malheureusement on ne peut pas dire que ce soit une solution des plus heureuses. Il est vrai que la nécessité commande beaucoup de choses, les frais assez élevés pourraient en empêcher plusieurs de tenter l'émigration, mais néanmoins c'est une source de

---

(1) Op. cit. p. 166.
(2) Art. 6.

difficultés parfois inextricables. Les cas de maladie,
d'inaptitudes professionnelles, du régime du travail ou
de la nourriture, même les différences de caractères
trop marquées, tout cela, qui normalement serait de
nature à faciliter d'un commun accord la résiliation
d'un contrat devenu gênant, se trouve envenimé par
cette question financière.

Et pour être exact il faut avouer que la question ne
s'arrête pas là. Ces frais de voyage sont fixés à une
somme forfaitaire très inférieure à la dépense réellement faite par l'employeur. Elle ne représente quelquefois qu'un tiers à peine (1).

Question encore très importante, car le contrat
dans ses stipulations générales ne semble pas en tenir
compte, ou du moins, peu explicite, laisse le champ
libre aux interprétations les plus opposées. Pendant
longtemps par exemple il était dit dans ces contrats
que cette avance des frais de voyage ou plus exactement « de chemin de fer et de bateau, serait remboursée à ce dernier (employeur) au moyen de retenues sur le salaire de l'ouvrier ».

Or ce remboursement si incomplet puisque fixé à
ce tiers déjà mentionné, n'était encore que purement
problématique, sinon fictif.

Le dernier alinéa du même article le dit explicite-
ment au moins pour l'ouvrier « qui a intégralement
accompli son contrat, et qui reçoit une somme révisi-
ble et fixée forfaitairement égale à celle prévue pour
les frais de voyage. »

Il est vrai que la dernière rédaction de ce contrat a
fait disparaître déjà le mot de remboursement et ne
parle que de la garantie de cette avance. Elle est donc

---

(1) Actuellement les frais de voyage d'un ouvrier polonais
sont fixés par le contrat à une somme de 250 francs tandis
que pour le même ouvrier l'employeur est obligé de verser
à la S. G. I. de 600 à 650 francs.

moins équivoque, mais néanmoins la confusion n'est pas facile à écarter.

Par conséquent, d'après le contrat finalement aucune retenue et aucun remboursement des frais de voyage n'est imposé à l'ouvrier. Tout ce qu'obtiendra en échange le patron n'est que la possession de l'ouvrier pendant le temps défini par le contrat.

Et seulement dans le cas où cet ouvrier voudrait le quitter avant ce temps déterminé, il aura le droit de lui demander les 250 francs de garantie ainsi qu'une indemnité, évaluée à autant de fois 3 francs qu'il restera de semaines à courir jusqu'au terme du contrat. (1)

Pourtant ici comme sur tant d'autres points, la question du droit diffère de beaucoup de celle du fait. Et pour s'en rendre compte, abordons la question des salaires.

b) *Les salaires.* (2)

Dans notre étude sur le statut juridique de l'émigration polonaise en France, nous avons pu voir par quelles étapes successives on est arrivr dans ce pays au principe reconnu de l'égalité de salaires pour l'ouvrier immigrant et l'ouvrier national.

De ce principe une fois acquis devaient, parmi tan' d'autres, profiter aussi les ouvriers agricoles polonais. Et, en effet, aussi bien dans la convention que dans le contrat, on stipula qu' « à travail égal les travailleurs polonais recevraient une rémunération égale à celle des ouvriers français de même catégorie dans l'exploitation ».

Malheureusement pour l'ouvrier polonais c'est une

---

(1) Par contre les mêmes avantages seront assurés à l'ouvrier si cette résiliation a eu lieu par la faute du patron.

(2) A vrai dire nous devrions commencer nos recherches par l'analyse des conditions du travail. Mais comme il n'y a que très peu de doléances ayant pour objet le travail, nous avons cru utile de nous en dispenser.

égalité de droit plutôt que de fait. Les employeurs n'oublient pas de souligner que les ouvriers polonais viennent dans une exploitation où le régime du travail, les méthodes aussi bien que la langue et les coutumes locales ne leur sont pas familiers.

Il leur faudra, disent-ils, du temps pour s'acclimater, du temps pour apprendre ; tout cela coûte, et donc il ne peut pas y avoir d'égalité de salaires.

Heureusement, tel n'est pas d'après sa teneur le texte du contrat.

Il veut proclamer l'égalité générale de l'ouvrier immigrant et de l'ouvrier national et n'entre pas dans ces interprétations de détail. Le contrat a raison. Le travail agricole ne demande pas de spécialisation prolongée. Etant assez simple, il est à peu près le même partout. L'aclimatation dans un milieu étranger est, elle aussi, plutôt une question psychologique qu'une question technique. Il peut y avoir quelques répercussions sur le rendement lui-même, mais il serait abusif de généraliser.

Restait donc seulement la question de la langue. Heureusement ici encore la simplicité technique du travail agricole, les connaissances professionnelles déjà acquises et enfin la facilité reconnue par tous qu'ont les Polonais pour les langues et l'adaptation dans un milieu étranger, justifient encore la position prise par le contrat. Il paraît tout à fait juste quand il proclame que « l'ignorance de la langue française ne peut servir de motif pour assigner à l'ouvrier polonais à travail égal un salaire inférieur à celui alloué aux ouvriers français de même catégorie de l'exploitation où à défaut de la région » (1).

Donc, d'après le contrat, l'égalité complète avec l'ouvrier national est assurée à l'ouvrier polonais.

____

(1) Article 5.

Existe-t-elle vraiment en réalité ?

La réponse est double. Affirmative pour l'ouvrier polonais libre, mais négative pour l'ouvrier lié par le dit contrat. Réponse étrange et pleine d'illogisme car à première vue on penserait plutôt le contraire. Le contrat, qui proclame tout haut cette égalité ne l'assure pas. Au contraire les employeurs l'appliquent aux ouvriers libres bien qu'ils ne la trouvent pas suffisamment justifiée.

Cependant le pourquoi n'est pas difficile à trouver.

Il est bien certain que même malgré les dizaines de milliers d'ouvriers immigrants, le marché du travail de l'agriculture française est loin d'être satisfait. La loi de l'offre et de la demande bat son plein. Si donc un ouvrier libre de tout engagement se présente, il sera sollicité par la force des choses. Pour l'avoir, les employeurs se le disputeront.

Pourtant ce n'est pas le cas d'un principe établi, c'est purement et simplement une conséquence inévitable de l'état du marché. Si celui-ci changeait, cette égalité changerait, elle aussi.

Tout autre est le cas de l'ouvrier en contrat. Il n'est pas libre, il ne peut pas s'engager dans des conditions plus avantageuses, la loi de l'offre et de la demande ne joue pas pour lui.

Ses conditions à lui sont déjà définies d'avance, c'est une question d'arrangement antérieur ; il n'a que cette insignifiante liberté d'accepter ce contrat tel qu'il est, ou plutôt tel qu'il lui sera imposé ou d'accepter le chômage et la misère pour lui et les siens.

Il y avait même quelque chose de plus fort que cela : les salaires étant inscrits sur son contrat quelques jours plus tard, c'est-à-dire lors de son arrivée en France, on exigeait de lui sa signature en blanc sans désignation de salaires, de l'employeur même sans définition de la province française vers laquelle on se proposait de le diriger. C'est à peine si on lui mettait entre les mains un barême des salaires où étaient indiqués les salaires minima établis par région.

Il est presque risible de parler de la liberté d'engagement dans ces conditions.

Les gouvernements français et polonais ont compris ces difficultés et ont essayé de les résoudre sous la forme du contrat en question.

Pourtant il ne suffit pas de proclamer l'égalité de l'ouvrier immigrant avec l'ouvrier national, il faudra la lui assurer. Ensuite, telle qu'elle est, cette solution trouvée est encore trop administrative, trop générale et, partant, toujours en retard sur la vie qui évolue chaque jour.

Il est reconnu que les salaires, le coût de la vie et même le régime du travail changent selon les saisons, selon les provinces et même parfois selon les départements. Pour être juste, ce salaire du contrat devait lui aussi varier, s'ajuster et s'adapter selon ces mêmes régions et départements. Or, vouloir s'adapter à ces circonstances était très difficile, sinon complètement incompatible avec cette solution officielle, laquelle de toute nécessité voulait rester le plus uniforme possible.

On essaya pourtant de concilier les deux tendances. Et c'est de là que proviennent les barêmes des salaires, barêmes qui unifient, imposent des salaires minima, ainsi que les quelques adaptations diverses déjà réalisées.

Ces adaptations sont de deux sortes. La première consiste en des majorations des salaires fixes, soit pour les saisons, surtout pour les saisons de la moisson et de la betterave (1) soit pour un supplément de travail nor-

____

(1) Cette majoration saisonnière est d'habitude de 30 francs par mois d'après le contrat et dure les 4 mois d'été (Juin à Septembre). Pour les ouvriers libres elle est entre 50 et 100 francs par mois.

mal, par exemple au-dessus d'un certain nombre de bêtes à soigner, traire, etc., et la seconde dans la classification des départements. Les trois groupes qui constituent cette classification comptent respectivement : la première 33 départements, la seconde 37 et la troisième 20. Les salaires sont les plus élevés dans le premier groupe. Il comprend les départements des grandes agglomérations telles que Paris, Lyon, Lille, Marseille ; les grosses industries du Massif Central, la Côte d'Azur et enfin toute la chaîne des départements situés au Sud-Ouest de Paris, par Orléans, Tours, Poitiers, jusqu'à l'Océan Atlantique. La troisième classe groupe les départements qu'arrosent la Gironde et la Garonne dans le Sud-Ouest.

La plupart des autres départements entrent dans la seconde classe, la moyenne (1).

Les salaires de la première classe oscillent entre 250 francs pour vacher, bouvier, charretier, berger, jardinier et bûcheron et 300 frs pour homme à toutes mains, quand ils sont logés et nourris, et entre 550 et 525 quand ils sont logés seulement.

Pour la même catégorie les salaires des femmes sont de 240 frs pour une vachère ; 220 frs pour une fille de ferme sachant traire et 200 frs pour une fille ne sachant pas traire. Quand elles sont logées et non nourries, ces salaires, de même que pour les hommes et pour les trois classes, seront majorés de 210 frs par mois.

La seconde classe des départements conservant la même base de calcul comprend la nourriture estimée à 210 frs par mois également, et le salaire en argent qui, pour les hommes, est diminué de 25 frs par mois sur chaque catégorie des ouvriers mentionnés.

Cette seconde classe pour les femmes ne diminue

---

(1) Le barème sur lequel nous nous appuyons ici est celui du 25 Juillet 1930.

leur salaire que de 10 frs par mois, pour une vachère; de 20 frs pour la fille de ferme sachant traire et à 15 francs pour l'ouvrière ne sachant pas traire.

Enfin la troisième classe comprend une nouvelle diminution générale : Pour les hommes de 50 frs sur les salaires de la première et pour les femmes : de 20 frs par mois pour la catégorie des vachères ; de 30 frs pour la catégorie des filles de ferme qui savent traire ; et de 30 frs pour la catégorie des ouvrières ne sachant pas traire.

Pourtant est-ce que cette solution du barême des salaires assure vraiment l'égalité pour laquelle elle était créée ?

Malheureusement non ! Et cela pour deux raisons, avant tout premièrement parce que, voulant être trop générale, cette solution n'est pas assez souple, ne peut pas se plier à des conditions particulières de telle région ou de telle saison, et deuxièmement parce que son salaire moyen est encore bien en retard sur un salaire moyen réel et qu'il le devient de jour en jour davantage.

Voici des chiffres qui le prouvent.

Le barême qui vient d'être remplacé datait du mois d'avril 1928 ; il était donc en vigueur depuis plus de 2 ans. Et pendant ce temps, le coût de la vie est-il resté stationnaire comme lui ? Assurément non. Nous ne le savons que trop. Les statistiques officielles nous le prouvent presque pour chaque trimestre sinon pour chaque mois.

Mais il y a encore pire que cela. Tel qu'il vient d'être publié ce second barême lui-même est déjà bien en retard sur le taux réel des salaires le jour même de son apparition.

La seule constatation des salaires qu'on demande et qu'on offre actuellement dans tous les bureaux de placement nous le dira si bien qu'aucune autre preuve ne nous sera plus nécessaire.

Prenons, par exemple, la deuxième classe des départements d'ailleurs la plus nombreuse et la plus abondante en ouvriers agricoles polonais. Quels salaires leur paye-t-on dans ce cas ?

Pour être plus précis encore, prenons le grand centre agricole du Nord et notamment la Somme, l'Aisne, l'Oise et le Pas-de-Calais. Passons en revue toutes les fiches de placement des différents bureaux pour la dernière année. Je défie d'y trouver une seule fiche d'après laquelle l'embauchage ait eu lieu et qui porterait pour l'ouvrier libre de contrat, le salaire marqué sur l'ancien barême officiel (1).

Au contraire nous y verrons une majorité presque écrasante de fiches qui n'indiquaient des salaires qu'à partir de 350 frs par mois, donc pas un excédent de 60 frs par mois pour les vachers, bouviers, charretiers, jardiniers, quand ils étaient logés et nourris et à partir de 550 frs sinon 600, c'est-à-dire avec un excédent de 50 à 100 frs par mois quand ils étaient logés et non nourris.

La même différence existait aussi pour les autres catégories d'hommes, telle que les hommes dits à toutes mains recevant chacun de 50 à 100 frs par mois en plus de ce que leur garantissait leur contrat.

Mais cette différence apparaît plus palpable encore dans la catégorie des femmes. Elles viennent le plus souvent comme catégorie T c'est-à-dire comme filles de ferme sachant traire (2). D'après le barême officiel,

---

(1) Cette assurance paraîtra moins présomptueuse dès qu'on la saura être le fruit d'une expérience de cinq années à la tête d'un établissement de placement qui à lui seul fournit chaque mois une centaine d'ouvriers.

(2) Il est assez curieux de constater que les meilleures catégories d'ouvriers ne sont presque jamais demandées — serait-ce encore par mesure d'économie pour ne pas les payer plus cher ?

elles devraient donc gagner dans les départements déjà cités plus haut 185 frs par mois (1), chiffre prétendu égal à celui des femmes françaises et donc d'autant plus à celui de leurs compagnes polonaises travaillant sans contrat. Egalité tout à fait fictive, car laissant de côté les femmes françaises, elles ne gagnaient que 75 % sinon même 50 % de ce que gagnaient leurs compatriotes qui ont terminé leurs contrats.

Le barême nouveau augmentant de 5 à 30 frs le salaire de certaines catégories d'ouvriers et faisant passer à la première catégorie les 16 départements inscrits jusqu'à présent dans la seconde, a amélioré un peu ces conditions. Néanmoins les différences entre le nouveau barême et les salaires payés couramment aujourd'hui continuent d'exister et constituent en général dans ce groupe de départements un écart de 25 à 75 frs pour les ouvriers spécialisés, tels que vachers, bouviers, charretiers ; de 75 à 100 frs pour les hommes dits à toutes mains, et de 40 à 70 frs par mois pour les filles de ferme.

Car pour ne prendre que ces dernières, s'il y a encore dans ces départements quelques servantes de ferme ne sachant pas traire, embauchées librement pour 225 frs par mois, le gros des « servantes de ferme sachant traire » gagne déjà de 250 à 300 frs par mois.

Et que l'on ne vienne pas dire qu'il ne faut considérer les salaires du barême que comme des salaires minima et seulement indicatifs pour les patrons qui les élèvent automatiquement si les autres ouvriers gagnent davantage, la réalité est si différente que pour un patron qui les considère comme tels, il y en a au moins 90 % qui les regardent comme des salaires définitifs.

Arrivant maintenant aux conclusions, il ne nous

____

(1) Les femmes logées et non nourries, pratiquement ne sont presque jamais demandées.

sera pas difficile de déduire de ces remarques : 1° que malgré les promesses les plus formelles du contrat, il n'y a pas en réalité d'égalité de fait entre les ouvriers contractants et les ouvriers libres et 2° que la différence qui existe entre eux constitue un préjudice certain pour les ouvriers en contrat.

C'est par cette différence à leur détriment que les ouvriers contractants payent tous les frais de leur sélection, de leur transport ou d'hébergement en cours de route. C'est par elle aussi qu'ils entretiennent en définitive tous les organes professionnels qui s'occupent du recrutement.

Et ce serait illusion de penser que ces frais sont au compte des employeurs. Ce sont eux, il est vrai, qui versent cet argent en premier lieu, mais ce n'est au fond qu'un prêt de leur part et un prêt à gros intérêt. Ils ont en échange le travail de l'ouvrier maigrement payé, une assurance d'avoir cet ouvrier le temps voulu, leur avance pécuniaire remboursée, et même par ces différencs des salaires déjà décrites, un bénéfice net à peu près correspondant à leur première avance.

Malheureusement pour les ouvriers, ce ne sont pas seulement les employeurs qui s'enrichissent à leurs frais. Ils enrichissent la France, qui les accueille, mais il y a encore un tiers et ce tiers n'est autre que la Société Générale d'Immigration, ou ses représentants, si souvent peu contrôlés par elle.

En effet, si nous considérons d'une part le prix d'un billet de 550 à 675 francs demandé par la dite Société et d'autre part le prix de 316 francs demandé pour un trajet Paris-Cracovie que nous considérons comme trajet moyen, nous sommes frappés de la différence qui en ressort.

La Société peut évidemment invoquer à sa décharge une plus longue durée du trajet motivant certaines dispositions prises pour la nourriture, mais nous nous étonnons que cette considérations puisse sensiblement porter au double le second prix cité.

On ne sait pas si cette somme parvient toute entière à la Société mais en tous cas, ses bénéfices ne sont pas médiocres (1).

Et comme l'opposition entre l'égalité promise par le contrat et l'inégalité de ses salaires réels ne tardera pas à se révéler à l'ouvrier, ses réclamations et ses plaintes ne tarderont pas non plus à se faire entendre. Pour les empêcher de surgir, les autorités établissant le contrat devraient apporter plus de précision dans la réalisation de son texte, empêcher l'exploitation exagérée de la main-d'œuvre, surveiller davantage les organes chargés de l'exécution du contrat et peut-être même, à cause des avantages évidents qu'ils tirent de cette émigration, comme l'a bien remarqué la dernière conférence du groupe parlementaire franco-polonais, couvrir une partie des frais d'introduction de ces ouvriers.

c) *Le logement et la nourriture.*

Une seconde source de difficultés se trouve d'habitude dans les conditions générales de la nourriture et du logement.

Il est entendu que ces difficultés n'existent pas dans les mêmes proportions ni chez tous les patrons des exploitations agricoles, ni non plus dans toutes les régions. En général pourtant, elles sont beaucoup plus rares chez les agriculteurs que chez les cultivateurs. Et cela pour une double raison : Premièrement, parce qu'il est rare chez les agriculteurs qui ont des fermes

-----

(1) Un des employés du Consulat Général de Pologne à Paris a évalué les bénéfices réalisés par cette Société pour la seule année de 1929 à 7 millions de francs.

plus grandes et donc des ouvriers plus nombreux, de voir les ouvriers nourris par le patron, ensuite parce que, étant mieux organisés et cela en général depuis longtemps, ils disposent de ressources plus étendues et d'habitations ouvrières plus salubres.

Au contraire, un cultivateur qui commence seulement à avoir recours à la main-d'œuvre agricole, et dont la ferme n'a besoin que d'un personnel restreint, nourrit lui-même des ouvriers et manque en général d'habitation appropriée et convenable. Pourtant ces cultivateurs sont bien nombreux et occupent plus d'ouvriers dans leurs ensemble que les grands agriculteurs.

Désirant économiser sur toutes choses, ils nourrissent mal ou insuffisamment et pour logement n'offrent d'habitude que des greniers, des étables ou des écuries. Ces conditions sont peut-être pires encore dans les régions dévastées. Là on n'offre le plus souvent que des baraquements en tôle, des « métros », dans lesquels on cuit ou on gèle tour à tour.

Pour se convaincre que ces conditions sont encore telles aujourd'hui, il suffit de faire un petit tour dans la Somme, dans le Pas-de-Calais, dans l'Aisne ou dans le Nord, et on trouvera de ces abris presque dans chaque village.

Mais alors faut-il s'étonner dans ces conditions que les doléances des ouvriers et même des ruptures de contrats se répètent si souvent ? Il est toujours plus facile de qualifier les ouvriers agricoles de vagabonds, de se lamenter que « la terre meurt », que les villages se dépeuplent, que d'améliorer les conditions défavorables. On trouve que les villes avec leur confort allèchent trop l'ouvrier ; ne vaudrait-il pas mieux pourtant à la place de toutes ces lamentations vaines, donner à cet ouvrier au moins le minimum de ce confort à la campagne ? On ne les retiendrait pas tous, c'est certain, mais combien resteraient tout de même fidèles à la terre ! (1)

Un peu plus délicate à résoudre est la question de la nourriture. Vouloir dresser ici des règles bien définies serait se méprendre tout à fait. Nous le savons bien tous. Devant s'adapter à des régions, à des villages et même à des personnes et à des goûts, elle change comme eux. Pourtant les doléances de la part des ouvriers polonais se répètent très souvent à ce sujet. Nous ne pensons pas pouvoir trouver ici de remèdes efficaces pour les faire disparaître, mais pourtant on pourrait les diminuer sensiblement. Et cela par deux moyens. D'abord, il faudrait non pas se plier à tous les caprices des ouvriers, mais pourtant montrer un peu de bonne volonté, faire quelques concessions au moins au commencement, ne pas se croire toujours le mieux renseigné sur ce qui est bon ou mauvais, agréable ou désagréable ! (2)

Ensuite il faudrait favoriser le plus possible parmi les ménages polonais, l'idée de se nourrir soi-même. Il st vrai que le rendement de la ferme est diminué de ce fait, mais en revanche, on y trouve des avantages qui sont indubitablement supérieurs au déficit. D'abord il y aura moins de difficultés, ces ménages seront plus stables, leurs meubles et leurs ustensiles de cuisine ne leur permettraient pas de se déplacer si facilement, et enfin une vie familiale serait mieux favorisée, même les enfants seraient mieux vus.

------

(1) Il faut noter qu'on a déjà fait dans cette voie quelques tentatives très intéressantes. Particulièrement, il existe un projet de loi prévoyant des crédits spéciaux pour les améliorations de confort et d'hygiène à introduire dans les villages et les fermes.

(2) Ainsi par exemple, en général au moins au commencement, li y a chez les Polonais une aversion quasi naturelle pour tous les produits de la mer, tels que les crevettes, les huîtres qui sont très recherchées par les Français, etc...

Que ces deux difficultés aient retenu l'attention des milieux tant officiels que patronaux, nous en sommes persuadés par les précisions de plus en plus minutieuses que comportent les contrats au sujet de la nourriture et du logement.

Pour ce dernier, en effet, le patron désirant faire venir des ouvriers doit préciser d'avance s'il les logera dans des chambres, dans l'écurie ou l'étable.

Quant à la nourriture, le contrat précise également qui si elle ne convient pas à l'ouvrier, il peut librement passer de la catégorie « nourri » à celle de « non nourri ».

Pourtant, malgré ces précisions déjà formulées, il reste encore un champ assez vaste pour les améliorations futures. Par conséquent, elles seront toujours vraies ces paroles de M. Bonnet, Directeur de l'Office Central de la Main-d'œuvre agricole, constatant que, « bien souvent les causes de débauchage dans lesquelles l'agriculteur a une responsabilité sont : salaire insuffisant, logement défectueux et nourriture mal appropriée. (1) »

Parmi les autres sources de difficultés, il nous faudra en citer au moins trois encore : la violation du repos dominical, les difficultés particulières des femmes polonaises et la question des documents personnels.

d) *La violation du Dimanche.*

Quant au premier groupe de difficultés provenant de la violation du Dimanche, des dangers moraux et de l'esprit areligieux du milieu français, les doléances sont si nombreuses qu'elles ne le cèdent en rien aux autres sources de mécontentement, notamment en ce

---

(1) Cité d'après M. L'Abbé Kaczmarek. op. cit. p. 261.

qui regarde les salaires, le logement et la nourriture. Seulement comme nous nous proposons d'y revenir dans le chapitre suivant, nous nous contenterons ici de cette simple remarque.

e) *Les difficultés particulières des femmes polonaises.*

Parmi les difficultés plus particulières à certaines catégories d'ouvriers agricoles polonais, il faut avant tout signaler celles qui affectent les ouvrières polonaises.

On s'insurge aujourd'hui de plus en plus contre le travail des femmes comme grand destructeur des foyers et de la vraie vie familiale. On a parfaitement raison. Malheureusement si déjà dans l'industrie, en général mieux payée que l'agriculture, le travail féminin doit suppléer au salaire insuffisant de l'homme, de combien cela est-il plus vrai encore dès qu'il s'agit de l'agriculture ! On peut dire que le travail agricole si dur qu'il soit est peut-être plus féminin que masculin.

Les capacités de la femme, le prix des services qu'elle rend dans une ferme font qu'elle y est très recherchée.

Son caractère plus timide, plus facile à dominer et à manier, ses exigences plus modestes, ses salaires moins élevés que ceux des hommes, autant de raisons qui militent en faveur de son emploi pour les travaux agricoles, souvent considérés d'ailleurs comme un simple prolongement de ses travaux de ménage.

Malheureusement à cette utilité de la femme dans les travaux agricoles correspondent aussi des inconvénients très graves.

Etant très dur, le travail agricole qu'effectue la femme est aussi très absorbant. La loi de 8 heures est loin d'être appliquée.

Et déjà de ce seul fait le travail féminin agricole est très désorganisateur et funeste pour sa vie familiale. Il est presque incompatible avec ses devoirs de femme et de mère.

Il est ensuite très dangereux pour la femme.

On parle beaucoup ces derniers temps de l'immoralité des usines et des ateliers. Pourtant ces conditions sont pires encore dans le travail agricole.

Le contact continuel avec la nature très sensuelle par elle-même ; l'isolement habituel des travailleurs toujours peu nombreux, la promiscuité des sexes presque exigée par ces travaux, la gamme des distractions très restreinte, tout cela entouré de l'atmosphère areligieuse presque athée du milieu ouvrier agricole français, voilà des conditions dans lesquelles vivent les milliers de jeunes travailleuses polonaises.

Pour ne pas succomber dans ces occasions multiples, pour rester honnêtes et pures, il leur faudra être héroïques presque tous les jours. Il n'y a que leur bonne éducation chrétienne et leur foi ardente qui les retiennent sur cette pente morale quotidienne. Malheureusement comme, faute de prêtres, leur foi ne peut être ravivée que très rarement, il ne peut pas être étonnant que beaucoup d'entre elles se lassent et succombent.

Et c'est alors qu'on remarque ce fait fort étrange d'une grande inconséquence entre l'esprit religieux très marqué, l'attachement de ces femmes polonaises aux pratiques chrétiennes d'une part, et leur inconduite morale très visible de l'autre.

La vie de ces femmes est une triste tragédie. Liées à leur dégradante condition par les contrats ou par les enfants, tourmentées par les remords de conscience, obsédées par une triste nostalgie dans leur isolement, celles qui sont moins résistantes aboutissent quasi naturellement à la démence, si fréquente d'ailleurs parmi elles.

Il est très heureux que ces faits soient enfin arrivés à la connaissance des milieux officiels. Pour ne pas voir grossir les rangs de ces infortunées, des mesures très énergiques ont été prises et le mal semble être circonscrit. Néanmoins il ne reste encore que trop de ces malheureuses qui réclament une aide énergique et efficace,

f) *Les documents personnels.*

Traitant la question des salaires et spécialement celle des frais de voyage déboursés par l'employeur pour l'ouvrier demandé, nous avons mentionné comme avantage le plus appréciable pour l'employeur, la possession de l'ouvrier pendant le temps déterminé par le contrat.

Il arrive pourtant que cette possession de l'ouvrier est quelquefois interrompue par le départ brusque de ce dernier.

Pour obvier à cette éventualité et par conséquent pour ne pas s'exposer à la perte de leur argent déboursé, les employeurs ont commencé à se créer des garanties et des gages supplémentaires pouvant plus efficacement maintenir chez eux leurs ouvriers.

Le plus efficace de ces gages est la retenue des documents personnels de l'ouvrier. (1)

---

(1) Les documents que doit avoir chaque ouvrier d'après les décrets successifs du 9. IX 1926, du 20 I. 1928, du 26 IV 1929 et 10. VII 1929 sont : le contrat de travail, un livret des payes et un passeport. Arrivé à la frontière française ou plus exactement dans l'un des centres de rassemblement (Toul, le Havre ou Dunkerque) il reçoit des autorités françaises un sauf-conduit. Ce dernier n'étant valable que pour le voyage du centre à l'endroit où l'ouvrier doit se fixer définitivement est à son tour échangé d'abord contre un récépissé en vue de la carte d'identité et par la suite remplacé par la carte d'identité et l'extrait des registres d'immatriculation.

Pour aider l'ouvrier à obtenir ces documents, le législateur français oblige chaque employeur non seulement à faire les démarches nécessaires, mais même sans aucun remboursement ultérieur à couvrir les frais de ces documents pour tous ses ouvriers étrangers contractants (Loi du 13 VII 1925).

Il est vrai que l'article VII du contrat interdit d'une façon très formelle de retenir les documents de l'ouvrier : « L'employeur ne doit sous aucun prétexte retenir le livret de comptes, de même, du reste, que le passeport, contrat de travail, carte d'identité, extrait du registre d'immatriculation de l'ouvrier ».

Les pénalités que le contrat prévoit pour un employeur qui serait en défaut sont aussi assez formelles notamment d'abord la résiliation du contrat avec un préavis de 15 jours et ensuite, une action en justice pour les dommages-intérêts conformément à l'article 1382 du Code Civil.

Malheureusement le plus souvent ce texte ne reste qu'une lettre morte. L'ignorance de la langue française chez l'ouvrier, ce préavis de 15 jours et surtout la clause commune pour tous les différends stipulant que chaque cas de résiliation doit être dûment constaté « par le Maire, la gendarmerie, le garde-champêtre, par deux personnes honorables ou par le Ministère de l'Agriculture », rend ce texte tout à fait stérile.

D'ailleurs il ne suffit pas encore de constater seulement laquelle des deux parties a raison, mais il faudra en plus dresser acte de cette constatation et pouvoir l'exécuter au besoin. Or en dehors du Ministère et du Tribunal personne ne pourra et ne voudra s'en charger.

III. Les moyens de liquidation des difficultés et différends des ouvriers agricoles polonais

Deux textes officiels nous indiquent la manière de résoudre les difficultés, qui pourraient surgir entre l'employeur et ses ouvriers.

Le premier de ces textes, c'est l'article 16 du con-, trat. Il stipule que « toutes difficultés pouvant surgir entre l'employeur et les ouvriers... seront immédiatement signalées au Ministère de l'Agriculture... soit en langue française, soit en langue polonaise, directement ou par l'intermédiaire des autorités consulaires ».

Le second texte c'est la loi du 12 VIII 1926, laquelle, plus particulière déjà, envisage non plus la résiliation des difficultés, mais la résiliation du contrat.

Or quant au premier de ces textes, malgré sa teneur formelle, la pratique quotidienne a trouvé une autre solution encore. Cette solution, ce sont les interventions des « Protections Polonaises ». Il est vrai que ne disposant d'aucune sanction propre ni vis-à-vis des patrons ni vis-à-vis des ouvriers, ces offices ne peuvent en dernier lieu que transmettre ces différends aux administrations françaises compétentes, mais néanmoins par ses explications des différends, ses renseignements sur les droits et devoirs mutuels des Patrons et des Ouvriers, enfin par ses interventions faites le plus souvent sur le lieu de ces différends les « Protections » tranchent bon nombre de ces difficultés.

Passant maintenant au second texte précité et avec lui à la résiliation des contrats, la constatation déjà mentionnée, nous trouvons trois nouveaux moyens de résiliation dudit contrat.

Aucune « interdiction d'embauchage » nouveau de l'ouvrier lié par le contrat « ne sera applicable » :

« 1° Si le travailleurs est porteur d'un certificat du précédent employeur attestant que le contrat de travail... a été résilié d'accord avec ce dernier ou par une décision de justice.

« 2° Si une année s'est écoulée depuis l'introduction du travailleur intéressé.

« 3° Si le travailleur est porteur d'une carte de présentation délivrée par un officier public de placement après enquête auprès du précédent employeur, dont les droits vis-à-vis du travailleur et du nouvel employeur sont réservés. (1) »

Application du Code pénal et une amende de 500 à 1.000 francs sont prévus par la loi contre l'employeur qui aurait contrevenu à ces prescriptions. (2)

Or comme les contrats ne peuvent être que de 12 mois au plus, le second moyen indiqué n'est qu'une résiliation par expiration.

Pour la résiliation à la suite d'un différend, il ne resterait donc que la décision de justice et l'obtention d'une carte de présentation délivrée par l'office public de placement. Ici encore la seconde méthode de résiliation peut être éliminée comme non applicable ou plutôt comme non existante.

En effet, cet office public de placement dont parle la loi, dépendant du Ministère du Travail et non pas de celui de l'Agriculture, pour une question de principe ne veut pas du tout se mêler des affaires de l'Agriculture.

Il ne resterait donc que le dernier des moyens, c'est-à-dire la décision de justice. Mais ici il faut se rendre compte d'abord qu'avant d'avoir cette décision, il faudra pour l'ouvrier tenter une action en justice et donc attendre des semaines ou des mois. Il faudra être aux prises avec l'employeur, brouillé avec lui et cependant rester à son service, être payé, logé et peut-être même nourri par lui. Est-ce une solution concevable ? Ou au contraire n'en cherchera-t-on pas une autre plus prompte et moins insolite ?

En dehors des documents retenus par le patron, le contrat ne prévoit pour l'ouvrier qu'une seule catégorie de causes, celles où l'ouvrier « est l'objet de violences », de « sévices graves » ou d' « injures ver-

---

(1) Article 64, B ;
(2) Article 64, c ;

bales d'une façon courante » de la part de l'employeur
ou de ses préposés.

Mais comment, peut-on se demander, cet ouvrier
étant l'objet de violences et de sévices graves peut-il
attendre ?

Le contrat parle de résiliation immédiate après
constation ; seul le Ministre de l'Agriculture en serait
chargé, mais malheureusement il est le plus souvent
a des centaines de kilomètres ; lorsqu'il ordonne une
enquête, elle ne sera faite que plusieurs semaines
après, peut-être davantage. D'autre part, aborder les
autorités locales, c'est temps perdu, car elles se dé-
clareront incompétentes aussi bien qu'impuissantes.

Finalement il ne reste qu'une plainte sollicitant
cette enquête : plainte furtive, en cachette, ou la
guerre ouverte au patron dans laquelle l'emportera
qui sera le plus fort.

Si le patron se lasse le premier, tout finit bien.
Cédant, il consent à un remboursement des frais
avancés, fournit le certificat désiré et constate selon
la formule usuelle « que l'ouvrier est bien libre de
tout engagement » ; ainsi se trouve résolue la difficulté.

Malheureusement, beaucoup plus fréquent est le
cas contraire. Le patron tient tête et veut conserver
l'ouvrier malgré toutes les difficultés, cependant que
pour l'ouvrier les conditions deviennent de plus en
plus intolérables. Celui-ci se sentant vaincu s'en va,
et c'est alors que commence pour lui un vrai vaga-
bondage, sinon un réel calvaire.

Sans les documents qui le plus souvent restent entre
les mains du patron, et en tout cas sans certificat de
résiliation, l'ouvrier commence à rechercher une place
nouvelle.

Comme d'après la loi dont il est question plus haut,
il ne peut être embauché par personne, il poursuit ses
recherches jusqu'à ce que ses ressources se trouvent

épuisées. Heureux si avant cette extrémité, il parvient aux abords d'un Consulat ou d'un des bureaux de Protection polonaise. Heureux encore si renseigné ou même aidé, il arrive ensuite jusqu'au Ministère qui, s'il le juge bon, lui échange son contrat, fait revenir ses documents personnels et oblige le second employeur à rembourser les frais de voyage dépensés par le premier.

En réalité, il tombe le plus souvent entre les mains des gendarmes. Ceux-ci en général ne se donnent nulle peine pour essayer de comprendre les intéressés. Deux choses seulement les préoccupent : les documents personnels de l'ouvrier, puis son argent. Leur logique est très simpliste.

Si l'homme rencontré est en rupture du contrat, ce doit être un individu vicieux et un vagabond. S'il se trouve sans argent, peu leur importe, car s'il n'est pas avéré qu'il est un voleur, il doit à leurs yeux le devenir.

Le gendarme fait un sommaire procès-verbal. L'ouvrier la plupart du temps, ne comprend rien à ce qu'on lui demande, peu importe. Il répond par oui ou non ; il avoue ou il s'obstine à prouver son innocence. Quoiqu'il en soit, les gendarmes le tiennent pour un individu suspect, indésirable, dangereux..., pour un « Polonais ».

Suit une note de la presse locale, toujours à l'affût de nouvelles à sensation : en quelques lignes dans lesquelles débord l'imagination, on crée de toutes pièces ce qu'on est convenu d'appeler « un bandit polonais ».

Pour remédier à cet état de choses il existe des Consulats, des Protections Polonaises, il y a des Comités patronaux de protections et d'aide, ayant surtout en vue les femmes immigrantes — et puis le Service du Contentieux du Ministère de l'Agriculture avec ses offices régionaux et ses inspecteurs.

Malheureusement, malgré ces institutions, il reste encore un champs très vaste à des améliorations de première importance. Il n'est pas douteux qu'on attende les meilleurs effets de ces dernières institutions officielles. Les deux premières n'étant que des institutions privées, liées de par leur nature à une partie du différend plutôt qu'à telle autre — et enfin dépourvues de sanctions, elles auront en dernier lieu nécessairement recours à un service officiel.

Néanmoins comme toutes font du travail très utile, il y a lieu de les favoriser et de leur faciliter le travail. Elles pourraient alléger très sensiblement le travail de l'administration, laquelle de son côté pourrait ensuite consacrer plus de temps et d'attention aux autres différends plus graves et par conséquent exigeant son intervention propre.

Il y aurait ensuite à intensifier le rendement propre de ce service officiel ; — à le décentraliser d'avantage par des offices régionaux — si rares jusqu'à maintenant dans l'agriculture ; — à les doter aussi d'inspecteurs mobiles plus nombreux qu'ils ne sont jusqu'à cette heure.

Il y aurait enfin a favoriser davantage l'immigration individuelle nominative.

D'après la répartition faite par les autorités polonaises ce moyen d'embauchage est de plus en plus fréquent. Pour ne prendre que les deux dernières années. Nous constatons par exemple en 1929 que dans le centre de Myslowice ces demandes nominatives représentaient 10 % de tous les ouvriers demandés pour les mines ; 13 % des ouvriers de l'industrie — et jusqu'à 40 % des ouvriers de l'agriculture. (1)

---

(1) D'après les mêmes statistiques, fournies par M. le Conseiller d'Emigration de l'Ambassade de Pologne à Paris ces demandes devraient être majorées de 10 % pour pouvoir correspondre à la totalité de demandes nominatives.

Les six premiers mois de l'année 1930 ont fait encore remonter ces chiffres et ont donné 30 % de demandes nominatives pour les ouvriers des mines, 26,5 % pour les ouvriers de l'industrie et jusqu'à 51 % pour les ouvriers de l'agriculture.

C'est un progrès très souhaitable car donnant plus de garantie de stabilité de l'ouvrier à l'employeur — il facilite aussi a l'ouvrier par la réunion de sa famille désunie une vie familiale plus parfaite et le préserve de beaucoup de dangers moraux.

Dans ce cas de la demande nominative les frais de voyage sont aussi le plus souvent payés par l'ouvrier ou par sa famille. Ce qui fait que, non seulement les sources de difficultés se réduisent — mais n'étant pas lié par le contrat de travail, cet ouvrier obtient aussi un salaire supérieur égal a celui des autres ouvriers, et des conditions du travail et du logement plus avantageuses.

Il n'y aurait donc qu'à généraliser ces diverses améliorations signalées et les résultats heureux ne manqueraient pas de se faire sentir. L'ouvrier polonais agricole trouvant ainsi moins d'injustice s'attacherait davantage à la profession qu'il déserte aujourd'hui ; le nombre des difficultés diminuerait ; l'agriculture française ainsi que les rapports entre les deux peuples y gagneraient.

CHAPITRE IV.

La vie sociale de l'Émigration polonaise agricole en France

I. La Convention franco-polonaise de l'assistance et de la prévoyance sociales.

La vie sociale de l'ouvrier polonais en France est réglée par la « convention franco-polonaise relative à l'assistance et à la prévoyance sociales » du 14 Octobre 1920.

Acte aussi fondamentale que la première convention relative à l'émigration et l'immigration, elle se compose de 15 articles assez larges et détaillés. Son complément et en même temps les précisions nécessaires à son exécution lui ont été apportés par des accords successifs et des protocoles émanés des conférences annuelles qui ont été établies périodiquement entre les deux gouvernements.

Ne choisissant que ce qui a trait à l'immigration agricole polonaise, nous n'analyserons ici que deux de ces actes mentionnés, c'est-à-dire la convention elle-même et au moins très rapidement le premier et le plus important des accords — celui du 3 Novembre 1926 (1).

La convention du 14 Octobre 1920 commence dans

---

(1) Au mois de Décembre 1929 fut conclu un nouvel accord, mais n'ayant réglé que les conditions des ouvriers mineurs polonais, il n'entre pas comme tel dans nos considérations particulières de l'émigration polonaise agricole.

son article premier par la question des retraites ouvrières et paysannes, les pensions d'indemnité et les allocations des assurances ; et à ce sujet il est stipulé que « le régime en vigueur dans chacun des deux pays doit être appliqué aux ressortissants de l'autre, sans exclusion ou diminution des droits accordés aux ressortissants du pays ». Ces retraites, pensions ou allocations pourront également être acquises aux veuves et orphelins.

Pour les bonifications d'Etat il est institué que la proportion des versements sera observée dans chacun des pays, et c'est elle qui servira de base aux dites allocations à adjuger.

Un délai d'un an est accordé aux ayants droit du décédé dans le cas des allocations. Ce délai sera compté à partir du jour de la notification du décès faite au consul du pays du décédé.

L'article 2 de la convention confirme l'article 3 de la convention du 3 Septembre 1919, relative à l'émigration et à l'immigration et assure l'égalité de réparation en cas d'accident du travail.

Le second alinéa du même article étend cette égalité de traitement et la réciprocité « à toutes les lois d'assurance sociale contre les divers risques, tels que maladie, invalidité, chômage ». On va même plus loin et pareillement comme dans l'article 4 de la convention relative à l'immigration, on établit la clause de la nation privilégiée, ainsi ici, on ne se contente pas du présent, mais on englobe l'avenir. On envisage non seulement les lois « actuellement en vigueur » mais aussi celles « qui pourraient être ultérieurement établies ».

L'article 3 assure les mêmes droits que ceux des nationaux « pour tout ce qui concerne l'acquisition, la possession, la transmission de la petite propriété rurale et urbaine » aux ressortissants de l'autre état contractant. Ne sont réservées que certaines zones où la sécurité nationale est en jeu, ou encore des privilèges acquis à l'occasion de la guerre.

L'article 4 revient à la question des assurances ou plutôt à la question des sociétés de secours mutuels. Il dit notamment qu'un ouvrier ou employeur polonais, qui fait partie d'une société de secours mutuels française, peut également être membre du Conseil d'administration — à la condition que leur nombre total ne dépasse pas la moitié moins un du nombre général des membres du Conseil. Si ensuite cette société est une de celles qui étaient approuvées ou reconnues d'utilité publique, les immigrants aussi bien les Français en Pologne que les Polonais en France, bénéficieront à titre égal avec les nationaux des dites bonifications.

La même égalité des subventions est proclamée par l'article 5, relativement aux secours de chômage.

Cette même égalité de traitement est assurée par l'article 6 aux ressortissants de chacun des deux Etats à ceux « qui, soit par suite de maladie physique ou mentale, de grossesse ou d'accouchement, soit pour toute autre raison, ont besoin de secours, de soins médicaux ou d'autre assistance quelconque ».

Le second alinéa du même article donne droit aux immigrants dans le pays de résidence « aux allocations d'Etat pour charges de famille ayant un caractère de secours, si leurs familles y résident avec eux ».

Les articles suivants — 7 à 10 — envisagent les conditions, le calcul et le mode de remboursement que doit assumer l'Etat de provenance de l'assisté à l'égard de l'Etat de résidence.

Ne sont pas remboursables d'après ces articles les sommes déboursées pour les malades atteints d'une maladie aiguë déclarée telle par le médecin (art. 7)..

Pour les vieillards, les infirmes et les incurables qui possèdent plus de 15 ans de résidence ;

Pour ceux mêmes susmentionnés — et quand ils n'auraient que 5 ans de résidence — si leur état était consécutif à une maladie professionnelle ;

Enfin pour « toutes les personnes malades, aliénées et tous les autres assistés ayant cinq ans de résidence continue » (art. 8).

Le remboursement ne sera pas exigé non plus si les frais sont couverts par un tiers quelconque tel que « l'employeur, bureau de bienfaisance ou de toute autre façon » (art. II).

Dans les autres cas... « à l'expiration du délai de soixante jours pour les assistés qui ne rempliront pas les conditions de séjour prévues, l'Etat du pays d'origine sera tenu, à son choix, après avis de l'Etat de résidence, soit de rapatrier l'assisté, si celui-ci est transportable, soit d'indemniser des frais de traitement l'Etat de résidence » (art. 9).

Les articles 10 et 14 recommandent aux administrations compétentes de régler les mesures de détail et d'exécution. Cette recommandation fait base à l'accord d'exécution de cette convention qui fut signé à Paris le 3 Novembre 1926. Comme il ne contient vraiment que ces mesures de détail et d'exécution, il serait superflu de le résumer à son tour. Nous ne signalons que la plus importante de ces mesures, notamment celle par laquelle « les deux gouvernements s'engagent à veiller à ce que dans les agglomérations renfermant un nombre important de travailleurs de l'autre nationalité, les moyens et les ressources d'hospitalisation ne fassent pas défaut aux ouvriers malades ou aux blessés et à leurs familles » (art. 10).

Suivent deux articles très importants concernant les associations et les syndicats professionnels.

Beaucoup plus larges sont les droits accordés aux premières. « Les associations de bienfaisance, d'assistance, d'aide sociale ou intellectuelle, ainsi que les sociétés, coopératives de consommation entre Français en Pologne, et Polonais en France, et les associations mixtes dans l'un et l'autre pays, constituées et fonctionnant conformément aux lois du pays, possèderont les droits et les avantages qui sont assurés aux associations polonaises ou françaises de même nature » (art. 11).

L'article 12 garantit mutuellement aux immigrants dans leur nouveau pays « la liberté d'adhérer ou de ne pas adhérer à des syndicats ou groupements professionnels ou corporatifs accordés aux ressortissants du pays ». Pourtant la même réserve de l'article 4 concernant les sociétés de secours mutuels est faite en ce qui touche le Conseil d'administration dudit syndicat ou groupement professionnel. La majorité de ce Conseil doit être de toute nécessité majorité nationale.

Le second et le troisième alinéas du même article assurent dans les mêmes conditions la possibilité accordée aux immigrants de « faire partie des comités de conciliation et d'arbitrage » ou d'être choisis comme « délégués », « mandataires pour exposer leurs demandes relatives aux conditions du travail ». Les autorités s'obligent même à faciliter à ces délégués mandataires » l'exercice de la mission qui leur serait confiée par leurs camarades.

Les stipulations de la convention se terminent par le rappel d'un principe général déjà acquis. C'est le principe « de l'égalité de traitement ». Reconnu par l'article 3 de la convention franco-polonaise du 3 Septembre 1919 relative à l'émigration et à l'immigration, répété ensuite par l'article 4 du contrat-type, il est étendu ici d'une façon générale à « tout ce qui concerne l'application des lois réglementant les conditions du travail et assurant l'hygiène et la sécurité des travailleurs ».

Conscientes de l'évolution continuelle de la législation sociale, et surtout conscientes des projets de lois sociales françaises et polonaises qui se préparaient déjà, les deux parties contractantes stipulent de suite que « cette égalité de traitement s'étendra ainsi à toutes les dispositions qui pourront être promulguées à l'avenir en cette matière dans les deux pays » (art. 13).

Les derniers articles 14 et 15 ne sont plus que des articles formels. Le premier d'entre eux annonce le futur accord qui doit régler les mesures de détail et d'exécution ; le second les ratifications et la dénonciation de la convention. La voie diplomatique et les organes internationaux de Genève sont mentionnés comme moyens prévus pour aplanir les différends qui pourraient surgir dans l'interprétation de ladite convention.

La loi sur les assurances sociales

Depuis la signature de cette convention, la législation sociale française n'est pas restée stationnaire. Il y a des points qui ont évolué, d'autres qui se sont améliorés, — mais l'essentiel de ces stipulations générales a toujours gardé son importance.

Il serait trop long d'exposer ici tous ces changements parfois très appréciables, mais toujours plus ou moins particuliers, touchant l'une ou l'autre des manifestations de la vie ouvrière.

Nous ne pourrons pourtant pas nous dispenser de résumer au moins l'une des ces acquisitions nouvelles, celle que constitue la dernière loi sur les assurances sociales.

Elle était d'ailleurs, à notre avis, déjà prévue par la convention. « L'égalité de traitement déjà réalisée en matière de réparation des accidents de travail, dit son article 2, s'appliquera au développement éventuel de la législation ».

Il est vrai que ses « conditions seront précisées par des arrangements spéciaux conclus entre les administrations compétentes des deux pays » et que ces arrangements n'ont pas encore pu avoir lieu, — néanmoins la base pour l'application de cette législation éventuelle était parfaitement reconnue.

« Les mêmes principes de réciprocité s'étendront... à toutes les lois d'assurance sociale contre les divers risques, tels que : maladie, chômage — actuellement en vigueur ou qui pourraient être ultérieurement établies ».

Aujourd'hui ces lois annoncées existent déjà en grande partie. Avant de procéder à l'application de la convention, résumons, au moins très brièvement, les charges et les prestations dont bénéficieront de par cette loi les travailleurs agricoles polonais.

La loi sur les assurances sociales prévoit pour les professions agricoles un régime spécial, différent de celui des autres professions.

Cette différence tend surtout à alléger les charges qu'entraîne la loi. Pour ce faire, l'Etat français prend sur lui la moitié de la dépense prévue. L'autre moitié est couverte pour un quart par le patron, pour l'autre quart par l'ouvrier. Trois sortes d'assurances sont obligatoires pour l'ouvrier agricole : assurance-vieillesse ; — assurance-maladie, maternité et décès ; — enfin, assurance contre les accidents du travail agricole.

Pour la première de ces assurances, l'ouvrier verse selon les 5 catégories, des primes de 1, 2, 3, 4 et 6 fr. par mois, payables par trimestre ;

Pour la seconde, au moins 5 fr. par mois — et enfin, la troisième — sans aucune charge nouvelle lui assure soit les avantages des sociétés d'assurances payées par l'employeur, — soit les avantages communs provenant de la loi sur les assurances en question et pareils aux avantages assurés aux ouvriers des autres professions.

Ces assurances sont obligatoires pour tous les ouvriers agricoles travaillant à leur compte et dont les salaires ne dépassent pas 15.000 francs par an — et pour les ouvriers agricoles étrangers s'ils ont plus de 3 mois de résidence en France. Ce chiffre-limite est augmenté de 2.000 francs pour les salariés ayant un enfant à leur charge ; de 4.000 s'ils ont deux enfants, et il est porté à 25.000 francs par an s'ils en ont 3 ou davantage.

Les prestations assurées par cette loi, pour toutes professions, visent les cas de maladie, maternité, invalidité, vieillesse, décès, charge de famille, chômage.

Pour les travailleurs agricoles, ces prestations sont les suivantes :

Assurance-vieillesse : garantit une pension de retraite au salarié qui a atteint l'âge de 60 ans. Elle ne sera pas inférieure à 40 % du salaire de base si le salarié a effectué ses versements au moins pendant 30 ans.

Cette pension est augmentée d'un dixième pour tout assuré de l'un ou de l'autre sexe ayant élevé au moins trois enfants jusqu'à l'âge de seize ans.

L'assurance-maladie dédommage les assurés, leurs conjoints et leurs enfants de moins de 16 ans, des 85 % des frais médicaux, pharmaceutiques et orthopédiques ; des frais d'hospitalisation et de traitement dans un sanatorium, de transport et d'intervention chirurgicale. Et si les assurés ont versé leur quotepart 60 jours durant les trois mois antérieurs à la maladie, ils ont droit, à partir du sixième jour qui suit le début de la maladie — ou l'accident — jusqu'à la guérison ou jusqu'à l'expiration des six mois, à une indemnité journalière égale à la moitié du salaire de base.

L'assurance-maternité couvre au cours de la grossesse et des six mois qui suivent l'accouchement tous les frais d'assurance-maladie ; de plus, si l'intéressée a versé sa cotisation pendant 60 jours dans les 3 mois antérieurs à sa grossesse, et cesse de travailler pendant les 6 semaines qui précèdent l'accouchement, elle touche l'indemnité journalière d'un demi-salaire de base; enfin, si l'assurée allaite son enfant, elle a droit à une prime de 150 fr. pour les 4 premiers mois ; de 100 fr. pour les deux suivants et de 50 fr. pour les deux derniers.

Les bons de lait remplacent chez la femme ayant une incapacité physique à allaiter, la prime sus-mentionnée.

L'assurance-décès garantit aux ayants droit de l'assuré le payement a son décès d'un capital fixé à 20 % de son salaire annuel moyen. Il ne sera pas inférieur à 1.000 francs. Lorsqu'il s'agit d'un assuré qui, depuis son immatriculation, a régulièrement effectué les versements annuels.

Enfin quant à *l'assurance-accident* la loi sur les assurances sociales confirme pour les accidents du travail agricole les lois du 15 Décembre 1922 et du 30 Avril 1926.

Elle précise seulement que ces salariés agricoles sont dans ce cas présumés adhérer à la section d'assurances sociales. Les accidents qui ne seraient pas prévus, comme donnant droit à une pension selon les deux lois antérieures — seraient tels de par la loi générale sur les assurances.

II. Les avantages assurés aux immigrants polonais agricoles dans le domaine social

Revenant à la convention résumée elle peut se diviser en trois parties principales. La première traite de l'assitance et de la prévoyance proprement dites ; la seconde de la propriété et la troisième décrit les fondements des divers organes de prévoyance et d'aide sociale, notamment des associations, des sociétés et des syndicats professionnels.

Essayons de passer en revue ces trois parties et arrêtons notre attention sur leur liaison spéciale avec notre problème de l'émigration agricole polonaise.

Ainsi posée notre considération ultérieure n'embrassera pas peut-être tout ce que dit la convention, au contraire, elle excluera peut-être des questions qui ont leur importance ; mais d'un autre côté elle nous permettra de donner ce qu'elle contient d'essentiel d'une façon succincte.

Cette manière de procéder se justifie pourtant.

Faite pour englober et satisfaire toute une série de professions, elle aura aussi des parties plus ou moins importantes pour telle ou telle de ces catégories.

a) *Aux malades.*

On sait déjà par nos descriptions antérieures par quels examens médicaux rigoureux passent les ouvriers polonais destinés à partir en France. On n'embauche que les jeunes, les bien portants, les sains et les robustes. S'ils ne sont pas dans la première jeunesse, c'est au plus des individus dans le plein épanouissement de leurs forces et de leur santé. (1)

Ainsi choisis, pris dans les campagnes et les champs, ces mêmes individus sont de nouveau dirigés sur la campagne avec son air sain et frais — presque nécessairement incompatible avec la maladie.

Et c'est pourquoi si parmi les ouvriers agricoles polonais il y a des malades, leurs maladies ne peuvent pour ainsi dire être que des maladies aiguës, ou épi-

____

(1) Ainsi p. ex. on n'embauche pour l'agriculture que des ouvriers âgés de moins de 45 ans. Pour les ouvriers industriels ce limite d'âge est remonté à 35 ans.

démiques. L'hospitalisation dans ce cas-là est encore plus rare. Le paysan polonais, peut-être comme tout paysan, a une méfiance quasi innée à l'égard de l'hôpital et souvent à l'égard du médecin lui-même. N'ayant recours à son intervention que lorsqu'il est déjà trop tard, il ne peut avoir que la confirmation de sa méfiance. Il se soigne chez lui ou il ne se soigne pas du tout — l'hôpital n'est que l'inévitable auquel il se résigne presque comme à la mort.

De ce fait déjà les hôpitaux français ne devraient pas se plaindre du trop grand nombre de Polonais à soigner. Et notre remarque est tellement vraie qu'elle se trouve consignée dans le contrat. La partie contractante française s'est vue même dans l'obligation de demander à ce que cet état d'esprit puisse être suffisant à la résiliation du contrat (1).

Un autre empêchement à ce que l'hospitalisation des Polonais ne soit, comme on essaye parfois de la présenter, une charge trop lourde pour l'administration française, consiste dans les formalités qui, d'après la loi, doivent la précéder. Déjà pour un malade français, ces formalités ne sont pas faciles à remplir ; quelle nouvelle difficulté s'il s'agit d'un étranger ! Etant indigent dans la plupart des cas, ce malade doit réaliser toute une série de conditions : trouver le moyen d'aborder le médecin à qui il doit demander un certificat spécial, se faire comprendre de lui ; obtenir à la mairie l'avis favorable ; pour cela, avoir fait dans la commune un séjour qui sera censé suffisant ; avoir tous ses documents en règle et même trouver juste à ce moment-là les ressources suffisantes dans la caisse de la commune, etc. etc...

____

(1) L'Art. XI stipule que « le contrat peut être résilié par l'employeur... au cas où l'ouvrier... 4° atteint d'une maladie contagieuse, refuse d'aller à l'hôpital ».

La loi sur les assurances sociales couvrant 85 % des frais occasionnés par la maladie et donnant droit à ·l'ouvrier malade à une indemnité d'un demi salaire allègera la charge et les soucis matériels du malade, pourvu que les formalités administratives ne soient pas pourtant plus compliquées encore.

Et si au moins ces difficultés finissaient là ! Mais elles recommencent ou s'aggravent encore au seuil de l'hôpital.

Peu de place, ou pas de place, voilà ce qu'entendent souvent les Polonais devant ces établissements de charité publique. Et le plus souvent, ce n'est pas la place, mais la bonne volonté de l'administration qui manque.

C'est ainsi, par exemple, que dans une grande ville on a vu des cas de ce genre : un Polonais est présenté par un employé de la « Protection polonaise » ; le malade se voit refuser l'entrée de l'hôpital parce que, à la mairie de son village, on n'avait plus de feuilles réglementaires et qu'on lui avait remis son certificat sur papier ordinaire. « La mairie n'a qu'à se pourvoir de formules réglementaires » fut-il répondu au solliciteur. Et celui-ci se traînant à peine fut obligé de refaire les quarante kilomètres qu'il avait dû parcourir pour répéter à la mairie la réponse qui lui avait été faite par l'hôpital.

Dans un autre cas, on a vu pareillement refuser une malade ayant 40° de fièvre parce qu'elle était munie d'un bulletin ne portant pas la signature du commissaire de police ; or c'était un dimanche et cette signature ne pouvait donc lui être fournie. Pourquoi aussi n'était-elle pas tombée malade dans la semaine?...

C'est ainsi encore qu'on a vu une Polonaise accoucher dans la rue parce qu'arrivée le jour précédent au bureau de la Protection polonaise pour demander un secours, elle n'avait pas fait viser sa carte d'identité à son arrivée en ville !...

Il ne serait d'ailleurs pas difficile de prolonger à volonté cette triste liste d'exemples. Si nous choisissons ceux-là, c'est tout simplement parce que nous pourrions au besoin fournir les noms et les dates. Ensuite, parce que ces cas se sont passés là où il y avait sur place une œuvre polonaise bien connue des malades, se présentant sous son égide. Et la conclusion se dégage toute seule pour ces autres centres ou communes — et elles se comptent par milliers —, où, n'ayant personne pour s'occuper d'eux, ces malheureux étrangers restent totalement voués à la merci des autorités locales.

D'ailleurs, que les choses se passent ainsi, en général, c'est ce que prouvent les plaintes et les doléances dont sont remplis les consulats, les Opieka's et tant d'autres institutions polonaises ou autres. Acculées par elles, les autorités françaises — par exemple le préfet du Nord dans ses célèbres instructions aux administrations subordonnées — en sont elles-mêmes l'écho involontaire.

Quelle différence encore, dans cette matière, entre la lettre et l'application des conventions signées ! L'esprit nationaliste du peuple français, basé sur son unité nationale, y apparaît quasi incapable de comprendre tout ce qui n'est pas français...

Le large esprit des conventions se brise ici en miettes devant cet autre esprit conservateur des masses françaises, de son administration ou de sa xénophobie séculaire.

Il se trompe étonnemment, celui qui s'attend à une amélioration sensible du sort des immigrants en France, s'il est persuadé qu'elle viendra de tel ou tel amendement des conventions écrites. Cette amélioration se trouve ailleurs ; pour être vraie et réelle, elle doit venir de la masse, et aujourd'hui, elle est bien loin d'être favorable à ces immigrants.

b) *Aux accidentés de travail.*

La seconde catégorie des malades polonais ayant besoin d'assistance est formée par les accidentés du travail. Il est vrai que l'agriculture se prête moins que les autres professions à ce genre de malheurs, mais elle n'en est pas exempte. Et si on prend en considération le fait que la majorité de ces ouvriers agricoles polonais se trouve dans les régions ravagées par la guerre, que leur métier s'exerce par conséquent sur les vastes espaces sillonnés par des tranchées remplies d'obus ou d'autre matériel semblable encore non repéré — ces « récupérateurs » volontaires ou involontaires vont très sensiblement grossir les rangs (1).

Il est vrai que la convention leur assure en cette matière une égalité complète avec les ouvriers autochtones. Malheureusement, ici encore nous pourrions reprendre les remarques qui démontrent une différence énorme entre les promesses des textes écrits et la pratique des conventions vécues.

Les différences entre les salaires moyens normaux, fixés par les autorités et qui doivent servir de base aux calculs des allocations et les salaires réels ; la lenteur extraordinaire des procès intentés par les compagnies d'assurances, le manque de témoins ou autres difficultés de ce genre rendent ces allocations presque illusoires en regard des dommages subis. Et ce

---

(1) Ainsi par exemple dans la seule entreprise de récupération Savot Frères, ayant son siège à Albert, dans la Somme, il y avait déjà au moins une centaine de Polonais blessés dans les champs. Plusieurs de ces accidents étaient graves et même mortels.

n'est pas tout, car pour les obtenir, si petites qu'elles puissent paraître, il faudra d'abord gagner le procès, subir des consultations ou des enquêtes sans nombre, en un mot, avoir du temps et de l'argent. Il faudra aussi presque rester sur place, car si par malheur on s'est éloigné ou si l'on a dû changer plusieurs fois de place et de département, les convocations se perdent et tout est fini....

Il est vrai que pour éviter ces pertes et ces recherches successives, les ouvriers polonais, soit pour assurer la continuité des démarches, soit pour avoir plus de garantie d'être suivis dans ces démarches multiples compliquées, signent des pouvoirs généraux aux consuls qui deviennent ainsi des chargés d'affaires généraux de leurs compatriotes.

Plus de garantie leur est acquise de cette façon, c'est vrai, mais c'est encore un échelon en plus et qui n'est pas du reste tellement rassurant. Pour s'en convaincre, il suffirait de lire ces listes de noms recherchés par les consulats avisés, — noms de ceux qui, accidentés, durent attendre plusieurs années cette rente qui ne leur venait pas, et qui ne peuvent plus la toucher quand enfin elle arrive.

On sait bien que les tribunaux ne sont jamais pressés ; nous verrons si les administrations des assurances sociales le seront davantage, mais néanmoins, il y aurait à souhaiter pour cette catégorie d'ouvriers saisonniers de par leur nature, que ces formalités et démarches soient accélérées. Si cela ne doit pas réduire le nombre d'accidents dans cette branche, qu'on veut à tout prix favoriser aujourd'hui, on réduirait assurément les injustices dont ces ouvriers sont les tristes victimes.

Et pour revenir à la question plus spéciale signalée plus haut, celle des travailleurs accidentés par les engins de guerre, il y avait aussi une grande amélioration à apporter ; jusqu'à maintenant, c'est-à-dire jusqu'à l'application de la nouvelle loi française sur les assurances sociales, dans certaines branches d'activité professionnelle, les assurances n'étaient que facultatives ; à l'une de ces branches appartenaient « les récupérateurs ». C'étaient des ouvriers qui, dans les champs délimités par certaines entreprises, pour ces entreprises et avec leur autorisation, récupéraient les métaux qui y étaient restés du temps de la guerre. Payés d'après la quantité de matériel ramassé, ces ouvriers étaient considérés par la loi comme des entrepreneurs indépendants qui devaient s'assurer eux-mêmes.

Il est vrai qu'on ne saurait rendre responsable des accidents survenus l'entreprise principale, qui ne peut exercer une surveillance directe. Néanmoins, comme ces accidents sont très nombreux, on pouvait sinon réduire leur nombre, du moins en adoucir les conséquences. L'entreprise principale n'aurait dû par exemple autoriser à cette récupération personne qui ne fût assuré ; un conseil verbal ou même une feuille de papier invitant à se faire assurer ne suffit pas aux gens simples qui, imprévoyants comme de grands enfants, ne profitent jamais de ce conseil tant qu'il ne devient pas une obligation ou une condition « sine qua non » de l'admission dans l'établissement. Condition qui n'était d'ailleurs pas si difficile à réaliser et qui, en revanche, aurait dispensé ces malheureuses victimes du devoir de mendier leur pain, eût allégé de beaucoup la charité publique et établi plus de justice entre le sacrifice d'une part et ce qui lui est légitimement dû de l'autre.

Aujourd'hui le texte de la nouvelle loi paraît remédier à cette difficulté.

« L'assuré qui, en cas d'accident non régi par la loi sur les accidents du travail, après consolidation de la blessure, reste encore atteint, suivant attestation médicale d'une affection ou d'une infirmité réduisant au moins des deux tiers sa capacité de travail, a droit d'abord à titre provisoire, puis, s'il y a lieu, à titre définitif, à une pension d'invalidité » (1).

Espérons donc que cette loi d'assurances, et surtout l'effort plus poussé de la reconstruction nationale française en ces régions dévastées, fera disparaître bientôt cette occasion, sinon même cette source des pires malheurs.

c) *Aux femmes et aux enfants.*

Le troisième groupe important ayant peut-être aussi le plus grand besoin de secours et d'assistance est celui des femmes et des enfants.

Plus haut, nous avons déjà suffisamment souligné l'intérêt qu'attachent à ce groupe les deux parties contractantes. Malgré cela, hélas ! ce groupe est encore le plus délaissé de tous.

Trois sortes de secours se pratiquent le plus souvent à son égard. Ce sont les secours aux femmes en couches, secours ou allocations aux familles nombreuses, et enfin, secours accordés ou au moins promis aux filles-mères.

Pour ces secours, il est à noter tout d'abord qu'ils émanent de deux sources différentes. Les premiers, qui sont des secours du gouvernement ou des communes et les autres qui ne sont que des secours provenant de la charité ou des œuvres privées.

Parlant des conventions officielles, il est clair que nous devons comprendre aussi les secours officiels. Or parmi ceux-ci on peut toujours signaler l'assistance dite légale et qui est régie par les lois françaises du

____

(1) Art. 10.

1ᵉʳ Juin et du 30 Juillet 1913, la loi sur les assurances sociales et ensuite les secours des bureaux municipaux de bienfaisance, des cliniques spéciales de maternité et des services de la maternité des hôpitaux.

Tous ces secours-là ou presque tous exigent toujours comme condition nécessaire la nationalité française de la sollicitante. Ce n'est donc que par la convention dont nous parlions que peuvent en bénéficier aussi les Polonaises.

Pour être objectif, il faut avouer qu'un pourcentage très restreint de femmes polonaises en profitent.

Est-ce la faute des autorités ou de ces femmes ? Peut-être des deux à la fois, mais plus encore c'est celle de la bureaucratie administrative. Quelle étrange inconséquence dans cette administration ! Créée pour aider ceux surtout qui n'arriveraient pas seuls à avoir ce qui leur est nécessaire, elle est devenue si compliquée par les demandes à faire, les certificats à présenter, qu'elle est inabordable, ou pratiquement impossible.

Et si ces demandes ne sont pas faciles à formuler par des nationaux, quelles difficultés ne présentent-elles pas pour des étrangers simples et timides.

Quelquefois les employeurs leur viennent en aide, parfois ce seront leurs compatriotes déjà plus renseignés ou des bureaux de la Protection polonaise, mais cela ne se produit que pour une partie de ceux qui en ont besoin.

Et cependant cela est très regrettable, aussi bien au point de vue de ces pauvres malheureux qu'au point de vue national français. La nation demande des mères courageuses, de nombreuses familles et de nombreux enfants, mais ne fait rien ou presque rien pour eux quand ils ne lui demandent que ce qu'elle peut leur donner.

Et pourtant les provinces françaises comme le Nord,

l'Artois ou les provinces de l'Est fourmillent d'enfants polonais qui dès demain deviendront de plein droit des citoyens français !

Ici nous voulons aller plus loin dans nos remarques. Car il y a pire que cela. Si encore l'on s'arrêtait là dans ces négligences ! Mais non. N'ayant pas d'enfant, l'employeur français empêche souvent son ouvrier d'en avoir, ou n'en veut pas dans l'exploitation, dans la cour ; on les chasse de la maison et cela parce que ce sont des gêneurs, des intrus, des casse-tout etc, etc. Bannies de l'exploitation, sans logement et parfois même regardées comme indésirables dans la commune qui a peur d'être obligée de leur venir en aide, de nombreuses familles polonaises n'ont qu'une chose à faire : retourner dans leur pays qui, bien que moins riche, a encore plus de générosité et de courage pour accepter les berceaux et ne se contente pas de se plaindre ou de se lamenter dans sa stoïque constatation qu'ils disparaissent. (1)

De ces différentes catégories d'aide et d'assistance, c'est encore le service de l'hospitalisation de maternité qui est le plus abordable pour les familles polonaises. Il est vrai toutefois qu'ici comme ailleurs, les demandes qu'on doit formuler dans le délai voulu, les certificats d'indigence exigés, l'esprit bureaucratique de l'administration en éloignent beaucoup ; cependant comme une nécessité de soins s'impose, on arrive encore à se faire accepter. Mais encore ceux-là même qui, ainsi privilégiés par le sort, ont obtenu ce qu'ils demandaient, se découragent souvent et en découra-

____

(1) Ici pour avoir des exemples de cet état d'esprit égoïste et calculateur de l'employeur français, il n'y aurait que de passer quelques heures dans n'importe quel bureau de placement. Les ménages sans enfants sont seuls demandés ; ne sont pas rares des familles de 3 ou 4 enfants qui attendent des semaines pour trouver une place.

gent d'autres de profiter de ces soins, qui souvent n'en sont pas. On se plaint d'une façon générale de la négligence et souvent même de la façon brutale avec laquelle sont traités les étrangers dans les hôpitaux, de sorte que, même inconsciemment, on se demande si jamais la misère ou la charité ne sont pas exclusivement réservées aux nationaux...

Quant aux autres modes d'assistance, ils sont encore ou inabordables ou inexistants dans les petites communes rurales où vivent les ouvriers agricoles polonais dont il s'agit.

Et pourtant ces secours sont créés pour aider les familles nombreuses ou pour les encourager à devenir telles, et elles devraient intéresser au plus haut degré la France. Elle se réjouit bien des contrées qui se repeuplent, mais son administration et surtout son peuple trop exclusiviste et xénophobe ne peut dire qu'il fait entièrement son devoir à l'égard de ceux qui sont une des causes de ce repeuplement.

Ce qu'elle devrait et pourrait bien faire en cette matière n'est pas tout de même si difficile. Et ici encore ce n'est pas tant une question des droits à accepter — ce qu'elle a d'ailleurs fait — mais surtout une question d'application desdits droits. Moins de formalisme chez l'administration, et plus de bienveillance chez les masses françaises, voilà ce qu'il faudrait avant tout à ces étrangers. Ensuite, plus de sauvegarde dans la propagande amorale ou purement immorale des affiches des vitrines, des devantures de magasins ou chez les différents représentants qui n'existent que pour soutenir et nourrir continuellement dans l'esprit de l'homme ses bas instincts d'égoïsme et de jouissance. Aujourd'hui encore les familles polonaises profondément catholiques restent morales et courageuses. Elles acceptent les enfants que la Providence leur envoie ; il n'y aurait qu'à les aider et elles resteraient telles pour longtemps ; seulement on ne peut pas exiger qu'étant courageuses elles deviennent héroïques... L'abnégation, comme tout d'ailleurs, a aussi ses limites.

Dans cette catégorie de familles à assister on pourrait faire entrer une catégorie plus spéciale, mais qui ne réclame pas avec moins d'insistance ce secours, nous voulons parler de la catégorie des jeunes travailleuses polonaises, soit des femmes seules, soit plus communément des jeunes filles.

Leur protection et leur soutien sont presque la clef de voûte de tous les problèmes de l'assistance dûe aux immigrants polonais.

Très appréciée, la jeune fille polonaise est pourtant aussi très souvent exploitée et cela aussi bien au point de vue d'un travail dépassant ses forces et les capacités de son sexe qu'au point de vue du danger moral qu'elle court.

Le nombre très élevé soit des plaintes, soit même des filles-mères parmi ces travailleuses, constitue une preuve péremptoire pour la conclusion de l'inefficacité des moyens de protection.

Voilà encore par exemple un fait très récent qui conduit à la même conclusion.

Dans les derniers jours du mois de Décembre dernier, il se tenait à Varsovie une conférence franco-polonaise, dont l'un des buts était de fixer le quantum d'immigration polonaise pour l'année 1930.

La délégation française a demandé 96.000 personnes dont 13.000 femmes. Après débats, la délégation polonaise consent à donner 65.000 personnes dont 1.000 femmes. Cette réduction des femmes était très sensible. La délégation française la trouva très dure. Voici en quelques mots le résumé de la réponse de la délégation polonaise. « Nous ne manquons pas d'ouvriers, pas plus que de femmes qui ne demandent pas mieux que d'aller travailler en France. Seulement les conditions que leur offre la France ne sont pas celles que nous leur voudrions. Elles n'égalent pas celles qui nous sont offertes par d'autres pays tels que le Danemark, la Hollande ou l'Allemagne.

« Ces conditions sont encore plus dures, disaient les Polonais, pour nos femmes polonaises. Nous les enverrions volontiers en France, mais nous voudrions plus de garanties qu'elles n'y en trouvent, une aide et une protection suffisantes. Ce n'est que quand nous les verrons s'exercer à l'égard de nos compatriotes qui travaillent déjà en France que nous pourrons en envoyer d'autres (1) ».

La délégation française accepta la décision et promit de satisfaire aux désirs des Polonais, désirs qu'elle trouva d'ailleurs fondés et légitimes. Elle a même déjà cité des améliorations appréciables obtenues pour ces femmes immigrantes dans ces derniers temps.

Trois institutions françaises méritent notre attention dans cette série d'améliorations du sort de la travailleuse polonaise. Ce sont :

a) les succursales de l'Association catholique internationale des œuvres de protection de la jeune fille (2);

b) les comités départementaux d'aide et de protection des femmes immigrantes et

c) le service des enfants assistés créé par les lois des 27-28 Juin 1904, qui secourt les filles-mères.

La première et la troisième sont pourtant d'ordre plus général. Les jeunes filles citadines sont même plus

____

(1) D'après le compte rendu de cette conférence, écrit dans « Wychodzca » (l'Emigrant) N° du 6 Janvier 1930.

(2) La Centrale de cette association connue surtout dans son abréviation « Protection de la jeune fille » se trouve 16, rue Saint-Pierre, à Fribourg.

directement visées dans ces institutions que les filles des campagnes. Néanmoins les services qu'elles rendent à ces dernières sont appréciables.

A la première d'entre elles sont dirigées les jeunes filles surtout pour y trouver un placement, une protection dans les voyages, l'hospitalité ou autres services de ce genre. Les bureaux de cette institution disséminés à travers toute la France aussi bien qu'à travers tous les pays de l'Europe, bien connus partout, indiqués dans toutes les gares, se trouvent inscrits dans les guides distribués aux émigrantes. L'unique objection qu'on pourrait leur faire serait de n'être pas encore assez nombreux pour pouvoir pénétrer davantage dans les campagnes, ni assez vastes pour accueillir toutes celles qui s'adressent à eux.

Quant à la troisième des institutions susnommées, et qui, elle aussi rend des services indéniables aux jeunes épaves de la vie séduites ou délaissées, c'est-à-dire le service d'assistance publique, elle n'est pas avant tout une institution d'aide à apporter aux jeunes filles. Son but principal étant l'enfant plutôt que la femme, elle ne secourt les jeunes filles qu'en tant que mères. Néanmoins comme les filles-mères sont encore relativement nombreuses, et en tout cas très à plaindre, les secours qu'elles reçoivent constituent sinon une aide matérielle, du moins un appui moral, qui leur facilite leur devoir de mère.

Malheureusement cette assistance n'est pas facile à obtenir, pas plus que cette même assistance prévue par les statuts de ce service aux orphelins ou aux enfants dont les parents sont hospitalisés ou incarcérés. Les places et l'argent manquent toujours d'une façon chronique.

Très à propos et très opportunes seront les allocations des assurances sociales qui se proposent d'alléger tant soit peu ces charges de famille, surtout en cas de maladie, d'invalidité, de grossesse ou de décès des parents ou des protecteurs.

Les allocations étant dues pour tous les enfants de moins de seize ans à la charge de l'assuré, qu'ils soient légitimes, naturels, reconnus, recueillis, adoptés ou pupilles de la nation, ... représentent : pour chaque enfant une majoration de l'indemnité journalière d'un franc, une majoration de pension d'invalidité fixée à 100 francs par an ; et une majoration du capital au décès égale à 100 fracs.

Une pension d'orphelin est instituée par cette loi pour les enfants orphelins de père et de mère.

Malgré tout cela, jugées insuffisantes, ces institutions s'enrichirent dernièrement (1) d'une institution nouvelle : ce sont les Comités départementaux d'aide et de protection aux femmes immigrantes. Ils sont tout récents et leur but est tout à fait social ; ils surgissent aussi presque sur commande. La Pologne se plaignait du sort de ses femmes en France ; — méfiante, elle se refuse même de les y envoyer. Voilà donc une réponse de la France.

D'ailleurs, l'influence des doléances enregistrées est visible : elle apparaît déjà dans la définition même du but que se proposent d'obtenir ces Comités. « Le Comité, — dit le texte offificiel, — a pour mission de s'occuper dans le cadre des lois, réglements et conventions en vigueur, de l'assistance morale, et le cas échéant, matérielle, à apporter aux femmes immigrantes employées en agriculture — ainsi que de rechercher en vue de toutes dispositions à faire au Ministère de l'Agriculture, les améliorations à apporter au régime de l'immigration féminine agricole » (art. 2).

Le Comité ne peut se composer que de Français qui

---

(1) Le 26 Décembre 1928.

seront nommés par le Ministre de l'Agriculture. Les étrangers représentants d'œuvres étrangères s'occupant de la protection des migrants, ne pouvant pas être membres, pourront seulement être désignés pour être adjoints au Comité (art. 3, 6).

L'institution de ces Comités prévoit des correspondants cantonaux ou communaux et donne des privilèges assez larges aux contrôleurs, qui pourraient sûrement apporter des améliorations sensibles. Mais seulement pour qu'ils puissent remplir leur rôle il faudrait d'abord qu'ils existent et qu'existent les Comités eux-mêmes. (1) Or ce n'est pas encore le cas. Et c'est pourquoi malgré tout cela et même malgré la recherche des « améliorations » de l'immigration féminine agricole », — un chemin très vaste reste encore à parcourir pour arriver à ce que cette assistance morale et, le cas échéant, matérielle, qu'on doit apporter aux femmes immigrantes employées en agriculture soit réelle et suffisante.

Les associations de l'immigration polonaise agricole

Et c'est seulement quand on a bien saisi cela et que, vivant parmi ces masses étrangères, on a pu comprendre et sentir leurs misères et leurs malheurs multiples qu'on sera capable de comprendre aussi pourquoi les pays tels que l'Italie ou la Pologne ont cru nécessaire d'ériger leurs œuvres et d'y inviter leurs nationaux, de les faire participer à leurs différents cercles, associations ou groupements de tout genre.

Il est vrai que bien variés sont les buts de ces groupements : ils sont intellectuels ou sportifs, d'amuse-

---

(1) Les deux premiers de ces Comités ont été organisés en Mai 1930 dans les départements du Nord et du Pas-de-Calais.

ment ou d'éducation, ecclésiastiques ou laïques — mais il est vrai aussi que si variés qu'ils puissent être, tous sans exception ont toujours un but commun, qui est un but d'entr'aide sociale. Il ne peut pas en être autrement, car ainsi que nous l'avons démontré plus haut les immigrants polonais comme tant d'autres ne sont pas venus pour des raisons politiques ni religieuses — ils sont venus chercher du travail, qui soit capable d'améliorer leur condition.

C'est ainsi que l'ont compris également les gouvernements français et polonais quand ils formulaient l'article 11 de la convention relative à l'assistance et à la prévoyance sociales.

Article très important et qui constitue la base juridique de tous les groupements polonais qui existent sur le territoire français.

Ici nous nous bornerons à énumérer ceux d'entre eux qui sont destinés aux ouvriers agricoles polonais. Ils ne sont pas nombreux : premièrement parce que les ouvriers agricoles étant très dispersés ont énormément de difficultés à se réunir et ensuite parce que leur peu d'instruction et de temps libre rendent leur organisation singulièrement difficile sinon pratiquement impossible.

Et c'est pourquoi si malgré tout cela il existe tout de même quelques-unes de ces organisations agricoles, elles ne sont en général ni très riches en membres ni très prospères. Elles vivent, et c'est tout ce qu'on peut dire, à quelques exceptions près, de toute leur activité.

D'ailleurs, ce ne sont que des associations et quoique parfois elles s'essayent aussi à traiter ou à défendre leurs intérêts collectifs et professionnels, ce n'est qu'accidentellement. Leurs buts sont plutôt d'ordre théorique et non pratique. Le plus souvent, leurs adhérents se proposent de se distraire ensemble, de se soutenir mutuellement dans leurs traditions nationales ou religieuses ; ils fondent des bibliothèques, des salles de lecture ; célèbrent les anniversaires nationaux, les fêtes, etc.

Les qualifier du nom des syndicats serait presque totalement se méprendre et méconnaître leur essence.

Enfin elles sont aussi très instables, car liées essentiellement au sort même de l'ouvrier agricole — saisonnier de par sa nature — elles sont comme lui soumises à toutes les vicissitudes, comme lui saisonnières aussi, ne dépendant que trop du départ de tel ou tel de leurs membres.

C'est pourquoi si l'on veut obtenir quelque chose des organisations ouvrières agricoles, elles ne peuvent pas rester purement agricoles, ou purement privées. Même pour subsister, elles demandent déjà à être étayées par quelque institution plus stable qu'elles : soit élément industriel ou au moins urbain, soit cadres créés par l'appui extérieur d'un autre organisme.

Mais dans ce cas c'est déjà plutôt le cas d'une organisation destinée aux ouvriers agricoles, que celle composée par eux.

Dans ce second genre d'organisations agricoles, les plus importantes sont les associations des « Protections polonaises » ou d'après le nom polonais les « Opieka's ».

Demi privées et demi officielles, ces Opieka's sont aujourd'hui les organismes les plus en renom parmi toutes les organisations polonaises en France. Regardées comme des créations bien réussies, elles s'étendent même déjà dans les milieux polonais en d'autres pays (1).

---

(1) Elles existent par exemple comme « Polnischer Hilfsverein » en Allemagne ; comme « Conseil polonais de protection sociale » aux Etats-Unis ; comme « Comité polonais » en Belgique, etc.

Le prototype de ces associations que nous avons déjà mentionné est une société fondée en 1907, société qui a travaillé activement à l'établissement du premier contrat-type franco-polonais.

Les « Opieka's » se composent d'un comité d'honneur le plus souvent composé de personnages éminents français et polonais, et de la direction responsable, laquelle est généralement entre des mains polonaises (1).

Ces associations tirent leurs ressources du gouvernement polonais ; c'est lui aussi qui exerce sur elles par les consulats respectifs le droit de contrôle. Dans ce sens donc on peut parler de ces sociétés comme d'une sorte d'agence consulaire. Ayant cédé à ces agences une partie de leur compétence, les consulats obtiennent d'elles en échange un service très appréciable d'information, de contact direct avec les masses, et de décentralisation dans plusieurs de ses branches.

Pourtant ce rôle d'être le bras prolongé du consulat dont elles dépendent, n'épuise pas encore toutes leurs compétences. Au contraire, c'est la seconde partie de leur travail qui leur est propre. Cette partie, c'est le travail social par excellence. Elles ne sont administratives que par hasard et restent des œuvres sociales par leur essence.

Comme les besoins sociaux de l'émigration et de l'immigration sont très vastes, les buts de ces associations de protection sont aussi très larges. Vouloir les décrire reviendrait à passer en revue la vie entière de l'émigrant polonais.

Pour être aussi bref que possible, au lieu de décrire, nous, nous nous contenterons d'énumérer seulement

---

(1) Il y a pourtant aussi des directions françaises par exemple au Hàvre, ou d'autres françaises par naturalisation et polonaises par origine : Saint-Etienne, Mulhouse...

les branches les plus importantes d'activité sociale de
ces « Opieka's ».

Une remarque et une distinction cependant. Plus
haut, nous avons déjà distingué entre le travail administratif et le travail social dont s'occupent les Protections polonaises. Ici, nous distinguerons encore ce
dernier travail social en aide directe, aide indirecte
et aide mixte. Et nous rangerons dans la première de
ces catégories tout ce que ces Protections font pour
leurs protégés directement, c'est-à-dire par leur bureau,
leurs employés et à leurs frais. Dans la seconde catégorie, tout ce que par leurs interventions elles obtiennent d'autres organismes — notamment des administrations soit françaises, soit polonaises — des différentes œuvres et enfin même des personnes privées.

La troisième catégorie, d'ailleurs la plus nombreuse,
est une catégorie d'aide relevant à la fois des deux
premières catégories.

Cette distinction faite, nous pouvons maintenant indiquer au moins d'une façon très sommaire la liste
des protégés dont ces organismes ont à s'occuper.

La première de ces catégories est formée par les malades, les accidentés et les infirmes. Catégorie très
vaste, qui demande toute une série de secours tels
que l'aide médicale gratuite aux pauvres, placement
dans les cliniques et dispensaires ; interventions nécessaires dans d'autres cas entre ces malheureux et ceux
qui en ont la charge : patrons et sociétés d'assurances,
s'il s'agit des accidentés du travail, ou entre les communes et les hôpitaux s'il s'agit d'autres cas ; les visites des malades dans les hôpitaux ; service d'interprètes auprès de ces malades, des médecins et de la
surveillance ; aide aux convalescents ; enfin même organisation des cliniques spéciales, soit générales, soit
spéciales pour certaines catégories de malades ou de
maladies.

La seconde catégorie embrasse les femmes et les enfants.

Les familles polonaises très fécondes comme nous l'avons déjà dit, ont souvent besoin du service de la maternité. Leur faciliter l'admission dans ces services, obtenir pour elles des bureaux de bienfaisance les secours nécessaires ; chercher des nourrices et placer chez elles les enfants des jeunes ménages, désireux à tout prix d'économiser le plus possible avant que le second ou le troisième enfant vienne immobiliser la femme ; placer les enfants des parents malades ou emprisonnés ; leur obtenir des allocations familiales ou de secours aux indigents : ce sont autant de cas où ces protections n'ont que trop à faire, sans parler de l'assistance aux filles-mères. Et ici encore, comme la plupart de ces malheureuses n'ont pas de familles qui pourraient s'occuper d'elles, — leur trouver un emploi compatible avec leur état, si elles peuvent encore faire quelque chose ; placement pour les dernières semaines dans des maisons spéciales ; enfin les faire entrer dans la Maternité des hôpitaux ; placer leurs enfants, leur trouver un emploi nouveau, etc., etc.

Vient ensuite la troisième catégorie de secours : secours aux voyageurs. L'immigrant polonais malgré sa facilité innée pour les langues n'est pourtant qu'un étranger. Le renseigner ; lui trouver ou même lui procurer un gîte ou la nourriture indispensable, voilà surtout quand il s'agit des femmes et des jeunes filles, ou des familles, un souci de première importance.

Ces protections constituent donc des services de renseignements dans les gares ; fondent des asiles ; entrent en relation avec des organismes semblables déjà existants, par exemple les œuvres de protection de jeunes filles ou les différentes œuvres américaines, etc.

Les recherches ayant pour but un placement de ces

voyageurs s'imposent ensuite de toute nécessité à ces bureaux de protection. Et en réalité, à quelques exceptions près, elles s'en occupent toutes, soit d'une façon directe, soit par l'intermédiaire d'autres bureaux de placement (1).

L'immigrant, surtout dans ses premières années de séjour à l'étranger, est un grand enfant simple, ignorant jusqu'à l'exagération. Ne connaissant pas la langue du pays, méconnaissant absolument tous ses droits et ses devoirs, il a nécessairement besoin d'un guide sûr et désintéressé comme lui en assurent ces « Protections ». Ici les exemples sont si abondants que les rapporter serait écrire des chapitres entiers.

Ne voyons que les deux grandes sources de difficultés : les contrats et les documents personnels. Quelles sources intarissables de doléances, de surprises, d'injustices même ! Mais d'un autre côté, malgré ces intermédiaires officiels — les ministères, les inspecteurs ou les consulats — quel vaste champ reste ouvert aux interventions heureuses et bienfaisantes de ces Protections, dont la seule présence, voire une simple explication du différend apportée par elles, leur simple existence même aplanit les difficultés.

Travail d'organisation complète ces institutions. Très souvent on souligne l'influence qu'ont sur les

---

(1) Ce placement comme une partie des occupations des protections trouve ses pour et ses contre. Pourtant quand il est gratuit, aussi bien pour les ouvriers que pour les patrons, ce placement peut être considéré comme un service social. D'abord parce que trouver un emploi, c'est le fondement de toute aide qui veut être réelle et durable ; ensuite parce que ce placement permet de faire le choix dans les emplois à donner aux différentes catégories d'ouvriers ; troisièmement parce qu'il dispense de beaucoup de secours inutiles et même dangereux qui seraient distribués aux indignes et aux fainéants ; et enfin, quatrièmement, parce qu'il corrige très sensiblement les abus ou les négligences des autres bureaux de ce genre, lesquels n'ayant que leurs intérêts en vue exposent des nombreux ouvriers à des pertes de temps et d'argent considérables.

hommes, les cadres dans lesquels s'exerce leur vie. Et si cela est vrai dune façon générale, combien plus vrai est cette énonciation, dans notre cas d'émigrants polonais en France ! Ce sont des gens simples, parfois plus pauvres encore d'esprit que d'argent. Sans conviction pour la plupart, ils ne se tenaient chez eux que par la tradition, par une opinion générale, enfin en un mot par les cadres extérieurs.

Leur enlever ces cadres, c'est les vouer inévitablement à une ruine certaine. Et c'est parce qu'on a bien compris cela qu'on essaye partout de recréer et ensuite de conserver les cadres autant que possible identiques à ceux de leur pays natal. C'est de là que viennent toutes ces sociétés, ces comités et clubs polonais, si nombreux en France.

Leurs buts très différents dans ce qu'ils se proposent de spécial ont pourtant un fond commun très évident. Ils veulent tous former ces cadres polonais dans lesquels, étrangers vivant sur un sol étranger, ils puissent se sentir chez eux, se sentir eux-mêmes.

Ils veulent donc se créer avant tout une image de leur lointaine patrie avec tout ce qu'elle avait de bon, avec ses traditions, ses mœurs, ses coutumes, ses fêtes, soit nationales soit religieuses.

Ainsi réunis, on délibère ensuite sur tout ce qui touche à ses coutumes ; on délibère et on se renseigne sur les conditions et les dangers de la vie nouvelle. On cherche les moyens tendant à améliorer son sort et enfin on s'amuse en commun et chez soi.

Et c'est ainsi que se forme lentement une opinion publique de ces masses émigrées, élément indispensable et si bienfaisant pour elles.

Dans les milieux polonais industriels ou miniers, ces sociétés se fondent spontanément et le rôle des Protections y est moins évident, parfois même insignifiant. Au contraire dans le milieu polonais agricole

si dispersé, elles sont de toute première importance.
C'est là, chez elles, que se réunissent le plus souvent
ces masses disséminées ; elles et les églises où se font
les offices polonais, sont des noyaux autour desquels
elles viennent s'agglomérer, grâce auxquels elles peuvent se cristalliser et prospérer.

Les moyens d'action de ces sociétés, ou, si l'on veut,
de ces Protections, sont aussi très variés. Les fêtes
nationales, l'anniversaire des événements historiques
polonais, les conférences, les cours, les bibliothèques,
les théâtres, les cinémas, les chorales, les sociétés de
musique, les sports, les excursions, voire même des
bals et des danses, voilà autant de moyens toujours
intéressants et toujours nouveaux.

Enfin un dernier groupe d'occupations des Protections comprend les encouragements aux organisations
des coopératives et la tâche de favoriser l'enrichisse-
ment et l'ascension des masses d'émigrants.

Beaucoup, en effet, venus comme simples ouvriers
passent dans les autres catégories de travailleurs ou
de producteurs en tant qu'artisans, commerçants ou
petits propriétaires ruraux. Il s'agit alors de les aider.

Nous reviendrons plus loin à la question des propriétaires ruraux. Maintenant nous nous contentons d'énumérer ces tâches des Protections.

Il est vrai, bien entendu, que toutes ne pourront
pas se vanter d'effectuer tout ce travail multiforme.
Certaines auront plus de succès dans telles branches
d'activité et moins dans d'autres. Néanmoins les raisons pour lesquelles ces organismes étaient créés par la
Pologne sont juste celles-là. Et si encore ce qui est,
diffère parfois de beaucoup de ce qui devrait être, néanmoins les résultats qu'elles obtiennent sont appréciables. Disséminées à travers la France, actuellement
déjà au nombre de 13, elles sont à Paris (1912), à
Amiens (1924), au Hâvre (1926), à Lille (1927), à

Metz, à Soissons, à Caen, à Lyon, à Saint-Etienne à Toulouse, à Mulhouse, à Nancy et à Toul ; et elles ont une tendance à se multiplier davantage.

La plus renommée d'entre elles est sûrement celle de Paris, d'abord parce qu'elle est la plus ancienne en date, et ensuite parce qu'elle est située à Paris, qui est le centre de toute administration aussi bien française que polonaise et vers lequel tout converge, aussi bien toutes les richesses que toutes les misères. Dédoublées par d'autres sociétés polonaises à Paris, telles que la Protection des prisonniers, les différentes sociétés de développement intellectuel, dramatique, sportif ou charitable ; aidée dans ses travaux par les administrations dont elle dépend, elle ne fait à proprement parler que le travail purement social. Son service d'aide maternelle est sûrement le meilleur.

Après celle de Paris, la plus renommée et la plus active est celle d'Amiens. La seconde en âge, elle constitue un type tout à fait distinct de la première. Unique organisme polonais dans un rayon de 100 kilomètres au moins, depuis deux ans disposant d'un vaste local, d'un bureau de placement, d'une chapelle et de trois salles de réunions, de cinéma et de théâtre, tour à tour elle fait fonction d'un poste de rayonnement religieux, d'un centre d'attraction générale, d'un bureau de placement, d'une œuvre sociale, et enfin même d'un petit consulat, comme on aime à l'appeler.

Ces deux types permettent d'y assimiler presque tous les autres ; les Protections de Lille, de Lyon, de Metz, de Mulhouse se rapprochant plutôt du premier ; celles de Soissons, de Caen et de Toulouse du second.

Autrement dit au premier type s'assimileront surtout les Protections existantes et destinées aux agglomérations urbaines, industrielles ou minières, et au second celles qui avant tout seront destinées aux petites quantités disséminées le plus souvent dans de vastes contrées. Ce sont aussi ces Protections du second type qui se prêtent le mieux aux ouvriers agricoles.

Pour avoir des exemples capables d'illustrer nos énonciations voici, prises au hasard, les données statistiques des secours distribués par les deux Protections de Paris et d'Amiens pour les mois de Juillet (période d'été) et de Novembre (période d'hiver) de l'année dernière :

Protection de Paris

	Juil.	Nov.
Nombre de personnes qui se sont adressées à la Protection	547	448
Informations diverses	158	138
Offres collectives d'emploi, dont	55	36
pour célibataires : 372 ; pour familles : 8.		
Demandes d'emploi	410	303
Nombre de personnes placées	318	230
dont pour travaux agricoles : 21 ; pour terrassement : 68 ; travaux indust. : 211 ; services domestiques : 18.		
Bons d'hébergement distribués	61	39
Enfants entretenus aux frais de la Protection.	8	8
Secours aux familles pour entretien des enf.	4	4
Secours mensuels fixes	10	11
Secours occasionnels	23	24
Linge et habits distribués	1	10
Bons de consultation médicale	6	15
Livres de la Bibliothèque prêtés	0	0
Personnes rapatriées	4	1
Lettres reçues	113	98
Lettres envoyées	93	73
Personnes qui se sont adressées pour la première fois	175	120
Malades visités dans les hôpitaux	77	114
Enfants envoyés dans les colonies de vac.	10	—

Protection d'Amiens

	Juil.	Nov.
Nombre de personnes qui se sont adressées à la Protection	600	600
Lettres reçues	206	150
Lettres envoyées	269	217
Communications téléphoniques	150	170
Offres d'emploi	139	136

Nombres de personnes placées	96	85
a) pour les travaux agricoles	72	60
b) pour l'industrie	10	12
c) pour le service domestique . . .	14	13
Secours occasionnels	10	13
Bons de repas	16	92
Bons d'hébergement	5	31
Secours aux refoulés	2	2
Secours aux rapatriants	12	1
Interventions personnelles	38	19
a) administratives	35	12
b) judiciaires	3	7
Traductions effectuées	19	13
Voyages de service	5	4
Bons de consultation médicale distribués . .	5	5
Malades visités dans les hôpitaux	8	15
Malades placés dans les hôpitaux	9	2
Enfants placés en nourrice	4	3
Livres de la Bibliothèque prêtés	19	32

Une comparaison assez sommaire de ces deux comptes-rendus permet de conclure pour la Protection de Paris :

1°) que son travail moins diversifié que celui de la Protection d'Amiens en fait plus nettement une œuvre sociale. Les malades, très nombreux dans les grands hôpitaux de Paris ; les familles et les enfants constituent la tâche principale.

2°) Beaucoup plus important est aussi son service de placement, qui est presque quatre fois plus nombreux que celui d'Amiens. Et ici encore les grandes industries et la force magique de l'attraction qu'exerce Paris en sont la grande cause.

3°) Enfin pour revenir à nos classifications déjà données plus haut, existant à côté des nombreuses administrations et de nombreuses œuvres et sociétés — la Protection de Paris — et par conséquent les Protections de son type ne font presque que du travail social direct.

Par contre la Protection polonaise d'Amiens agissant dans un milieu tout autre, a du travail très varié, à la fois d'ordre administratif et d'ordre social ; direct et indirect.

Ses positions sont moins élevées dans chaque catégorie, mais la liste de celles-ci se trouve plus longue.

Son service de placement est moins étendu ; en revanche sa correspondance est de deux à trois fois plus importante.

Les personnes qu'intéressent cette Protection sont très disséminées ; les moyens de communication de la région plus difficiles. Et comme elle est la seule institution capable de pourvoir aux besoins les plus divers de ses protégés, c'est à elle seule qu'on s'adresse et ceci explique la nécessité de ses fonctions variées. Elle effectue ainsi des interventions, qui plus nombreuses par correspondance sont aussi très souvnt personnelles. Ces dernières dédoublent ainsi son bureau et rendent le travail moins administratif. On ne se contente plus d'aider ceux seulement qui se présentent, mais on recherche ceux qui peuvent avoir besoin de ses services. Et c'est cet esprit qui justifie ses interventions administratives, judiciaires, ses voyages et l'activité de ses interprètes.

Une autre différence des deux Protections se trouve dans le travail d'organisation qu'exerce la Protection d'Amiens. Un club de femmes est organisé par les deux institutions, mais au moins pour aujourd'hui la Protection de Paris s'en tient là, tandis que celle d'Amiens a ses sociétés d'hommes, ses cercles dramatiques, son orchestre même.

Parmi les autres Protections, deux surtout méritent notre attention, non seulement à cause de leur activité — étant donné surtout qu'elles sont toutes deux de date récente — mais parce que placées dans un milieu singulièrement important, elles sont destinées à jouer chacune des rôles de premier ordre.

La première est celle de Toul, ce grand camp fran-

çais de concentration et de distribution des ouvriers
étrangers. La seconde, celle de Toulouse, est située
dans ce grand centre des régions françaises les plus
dépeuplées et par conséquent intéressant au plus haut
degré les populations agricoles polonaises demandées
pour leur colonisation. C'est elle par conséquent qui a
la charge de ces régions, et qui recherche les fermes
désertées pour les louer, qui renseigne les ouvriers,
valets, maîtres-valets, métayers, ou même futurs propriétaires ; c'est elle encore qui veille à la signature
et à l'accomplissement des contrats passés (1).

La colonisation polonaise en France

C'est une affaire très importante que cette colonisation. Les masses agricoles polonaises aussi bien que
la France elle-même y sont intéressées au plus haut
point. Et sinon tout à fait aux yeux des premières,
du moins aux yeux de cette dernière, cela doit être
un aboutissement naturel vers lequel convergent toutes
les énergies françaises. Coloniser d'abord, naturaliser
ensuite, et finalement repeupler et faire prospérer ces
régions, c'est tout bien considéré, agrandir et renforcer
le prestige de la France.

Et c'est pourquoi le gouvernement français n'a
pas hésité à consigner dans la convention d'assistance
et de prévoyance — convention que nous analysons
ici — le principe d'égalité, lequel stipule (art. 3) que
« pour tout ce qui concerne l'organisation, la possession, la transmission de la petite propriété rurale et
urbaine, les ressortissants de chacun des deux pays
auront dans le territoire de l'autre les mêmes avan-

---

(1) Tout récemment cette Protection a été doublée par un
consulat polonais, ouvert également à Toulouse.

tages et les mêmes droits que ceux assurés aux ressortissants **du pays** ».

Se plaçant au point de vue de l'émigration agricole polonaise, l'acquisition de cette propriété peut se faire et se fait petit à petit réellement de deux façons : par des acquisitions en propre de petites tranches, au plus de quelques hectares, ou par des locations de fermes.

Dans le premier cas, l'ouvrier reste dans sa catégorie sociale, mais fixé au sol, habitant dans sa maison ; il loue son travail aux fermiers du pays qui le lui demandent, soit à titre de tâcheron, soit à celui de journalier.

Et dans le second cas, moins indépendant peut être au début, il n'aspire pas moins au changement total de son rang et s'efforce de devenir lui-même patron. Cette location de ferme, assez rare quand il s'agit des régions du Centre et du Nord, est assez fréquente dans le Midi de la France. Quand elle se fait par une association avec le précédent propriétaire et une division des produits, elle est connue sous le nom de métayage. Dans ce métayage, l'ouvrier qui le plus souvent a déjà passé par les catégories de valet et de maître-valet, donne son travail et le propriétaire sa ferme ; dans ce cas, les produits sont répartis par moitié. Solution assez ingénieuse, accessible aux ouvriers qui, possédant quelques milliers de francs (1) et une famille assez nombreuse pour travailler sans trop de frais, peuvent arriver à une situation assez intéressante.

Malheureusement les différences de caractère dans cette continuelle collaboration et dans le jeu des intérêts opposés du propriétaire et du métayer, les nombreuses coutumes locales et la susceptibilité mutuelle

---

(1) En général, pour réussir dans ce métayage, il faut avoir de 10 à 15.000 francs à sa disposition.

rendent beaucoup de ces entreprises monis fructueu-
ses que ne l'avaient envisagé tout d'abord les intéressés.

Cependant, pour être juste, il faut constater ce fait
que malgré les nombreuses difficultés, le nombre de
ceux qui réussissent va chaque année croissant. Qui
sait donc si ce n'est pas quelquefois un de ces moyens
très modestes au début, et qui pourtant sera destiné
à jouer dans l'avenir un tout premier rôle dans l'économie française.

L'intérêt du pays réside dans le nombre de sa population. Or celle-ci est défaillante et seule l'agriculture
peut la sauver.

De sorte qu'aider des familles à s'installer dans les
campagnes est sans conteste une question primordiale,
aussi bien pour l'Etat que pour la société française en
général.

Ainsi nous avons passé en revue, au moins les plus
importantes des stipulations des deux conventions
franco-polonaises concernant l'émigration polonaise en
France. On ne peut pas nier leur importance. Quant
aux objections qu'on pourrait leur faire, il y en a deux
surtout ; et elles sont capitales : ces conventions né-
gligent l'école aussi bien que la question religieuse.

Or on ne change pas des traditions séculaires en
quelques années. La vie et la force de l'atavisme suf-
firaient à démontrer le contraire. Et cela d'autant plus
lorsqu'il s'agit de convictions volontaires.

En ne se plaçant qu'au point de vue de l'émigration
agricole, la question de l'école polonaise passe au second plan. Elle est d'ailleurs pratiquement impossible.
la population agricole est si disséminée que les résultats ne justifieraient pour ainsi dire pas l'établissement
de cette école. Il n'y aurait qu'un seul moyen de remédier à cette difficulté de rassemblement — pourtant
nécessaire — c'est de créer des collèges et des bour-

ses comme l'ont fait les écoles libres. Mais encore une fois les résultats correspondraient-ils aux dépenses ? Il serait du moins très présomptueux de l'affirmer. La question pécuniaire, mais surtout la question de la susceptibilité nationale française, si évidente déjà dans les centres industriels et miniers du Nord et de l'Est, se dresseraient au moins pour longtemps encore comme pratiquement insurmontables.

En sera-t-il toujours ainsi ? Nous nous permettons d'en douter. Les masses agricoles polonaises se densifient de plus en plus, la position du gouvernement polonais s'affermit et les écoles polonaises gagnent du terrain.

Les exigences de la vie sont toujours plus fortes que les textes. C'est ce que prouve le problème de la question religieuse que nous allons aborder maintenant.

CHAPITRE V.

La vie religieuse de l'émigration polonaise agricole en France.

L'organisation de la Mission religieuse dans le milieu polonais agricole en France.

La vie religieuse de l'émigration polonaise en France n'est réglée par aucun texte officiel.

Les conventions n'en parlent pas. C'est à peine si les contrats de travail y font une allusion, d'ailleurs insignifiante, en ce qui concerne l'observation du Dimanche. On veut ici, comme sur les autres points de la vie ouvrière, mettre sur le même pied l'ouvrier polonais et l'ouvrier français.

Ne nous référant qu'au contrat pour les ouvriers polonais agricoles, nous trouvons cette égalité proclamée dans l'article 3 dudit contrat. Il s'agit d'un travail supplémentaire qui pourra à certaines époques être demandé par le patron et qui supprimerait le repos dominical.

« Au moment de la fenaison et de la moisson, les ouvriers polonais devront travailler le même nombre d'heures que leurs camarades français.

« Ils devront, à ces époques, travailler même le dimanche ».

On sait que cette clause depuis longtemps déjà ne

gène pas beaucoup d'ouvriers français, qui ne pratiquent plus. Les réunions auxquelles ils assistent, les séances du cinéma, ou les fêtes foraines n'ont guère lieu que le soir. Pourvu qu'ils soient libres vers le soir, ces ouvriers seront le plus souvent satisfaits. Heureusement, ce n'est pas le cas de l'ouvrier polonais. Il est catholique pratiquant dans sa grande majorité et il est habitué au repos dominical complet. Lui imposer cette violation de son droit, c'était s'exposer à sa révolte.

Il souffrirait mal cette contrainte, et comme il n'est pas dans le pouvoir du patron ni des gouvernements de changer sa mentalité, on fit des concessions.

Trois étapes sont à noter :

Tout d'abord les premières exceptions accordées dans cette obligation au travail du Dimanche.

Ensuite, l'admission des aumôniers nationaux polonais.

Et enfin, les mesures qui ont pour but de multiplier les postes de ces aumôniers — et d'étendre de plus en plus les exceptions qui respectent les convictions religieuses de ces émigrants.

Regardons de plus près ces trois étapes.

Les premières concessions au point de vue religieux ont été la conséquence, — malgré la défiance des radicaux à l'égard de toute question religieuse — de l'examen de la situation de l'ouvrier polonais. Et si la délégation polonaise craignait tant soit peu de paraître cléricale, — la délégation française le redoutait sans doute encore davantage.

Ensuite, aborder cette question c'était à la fois risquer de montrer son incompétence et créer surtout pour la France un précédent dangereux. Non, l'Etat qui se proclamait neutre ne pouvait pas aux yeux des partisans de la laïcité signer fût-ce même avec un autre Etat, des arrangements religieux. Il n'avait qu'à passer

sous silence ces points dangereux. Et on a fait ainsi.
Donc, presque rien dans les textes officiels à ce sujet.

Malheureusement, ce n'était qu'une politique d'autruche. On avait besoin de la main-d'œuvre polonaise, et cette main-d'œuvre ne voulait pas se passer de la religion ni de ses pratiques. La Catholique Pologne (1) ne pouvait d'ailleurs envoyer des ouvriers incroyants. Mais alors, si telle était cette émigration, il fallait la contenter — l'intérêt lui-même y poussait — le rendement effectif en dépendait.

D'ailleurs les plaintes et les doléances se sont révélées si nombreuses à ce sujet qu'on était forcé de les accueillir. Il fallait donc au moins un certain minimum de garanties et ce minimum est justement représenté par les premières stipulations du contrat.

Sans se risquer dans une sorte de convention religieuse, il fallait néanmoins assurer le repos dominical.

On déclare donc l'obligation pour les ouvriers polonais contractants de travailler le dimanche et cela pour les assimiler à leurs « camarades français » mais on ajoute que cela ne sera qu'en cas d'urgence seulement ». Et pour mieux spécifier encore, on accorde des primes pendant certaines saisons surtout « au moment de la fenaison et de la moisson » (art. 3).

Pourtant, ce point réglé, il en restait un autre encore. Les deux saisons déjà mentionnées ne durent pas longtemps, elles n'obligent donc que d'une façon passagère. Cas qui, malgré sa rareté, arrixe aussi en Pologne. C'est surtout les soins qui doivent être donnés aux bêtes qui préoccupaient les employeurs français. Il est clair qu'un tel travail est aussi indispensable le Dimanche que les autres jours de la semaine. Il ne devrait

______

(1) Si l'on compte les catholiques du rite latin et ceux du rite grec, 75 % de la population polonaise appartient au catholicisme.

donc même pas être question de préciser ce point. Et pourtant c'est juste ce point-là qui a suscité et suscite encore aujourd'hui le plus de difficultés. Ce n'est pas, — il est vrai, — à cause du principe de travailler **ou non** —, mais c'est la question d'interprétation et d'application du principe admis.

Deux mentalités différentes se sont rencontrées et se rencontrent toujours quand il s'agit de difficultés de ce genre. Le contrat n'a pas su s'en affranchir non plus.

Car ces deux mentalités, ce sont la mentalité de l'ouvrier français et celle de l'ouvrier polonais. On veut les uniformiser à tout prix, et on se trompe. On se trompe aussi quand on croit qu'une atténuation peut remédier à la mauvaise interprétation.

Le contrat dit que « les jours des fêtes et les dimanches, les ouvriers polonais, à l'exemple des ouvriers français, devront donner aux animaux de la ferme les soins indispensables mais de telle façon qu'ils soient libres d'assister aux offices religieux » (Art. 3).

La source des difficultés est dans ce texte-là. Il est tel qu'il peut s'interpréter comme on veut. Et c'est ainsi que l'ouvrier polonais catholique, n'y retenant que la finale concluera pour ces jours-là à la liberté presque absolue — et de l'autre côté, les employeurs français basés sur leurs intérêts et sur « l'exemple des ouvriers français », comme veut le contrat, — obligeront ces ouvriers à travailler presque toute la journée.

La clause finale réglementant ce travail « de telle façon qu'ils soient libres d'assister aux offices religieux » est pratiquement sans valeur. C'est le prétendu exemple de l'ouvrier français qui primera toujours.

Enfin, même le terme « des offices religieux » n'est pas assez précis non plus. Il est clair qu'un catholique distingue bien entre l'office du matin qu'est la Sainte Messe — et l'office du soir — les vêpres, les saluts ou les prières communes tout simplement.

Il est vrai que les délégations n'ayant pas les connaissances religieuses nécessaires ont pu négliger ce point. Pourtant la distinction s'imposait. Les offices de l'après-midi n'égalent pas par leur importance ceux du matin. Chaque catholique, si peu instruit soit-il, sait cela. C'est donc surtout pour cet office du matin que l'ouvrier polonais réclame la liberté.

Malheureusement, l'employeur préférera de beaucoup le contraire.

D'abord parce que le matin ouvrant la journée réclamera, par la force des choses, plus de travail que l'après-midi et ensuite aussi, en raison de l'habitude prise avec l'ouvrier français.

Les tendances restent donc radicalement opposées, (1) et l'on peut dire qu'elles resteront telles. Mais alors c'est une source intarissable de difficultés. Et pour qu'elle tarisse, il n'y a qu'un remède : celui de la définition plus précise et de l'application plus exacte des devoirs et des droits respectifs. Pourtant il a fallu plusieurs années pour qu'on s'en rende compte.

Une seconde étape de l'évolution de la vie religieuse de l'ouvrier polonais commence par l'arrivée des premiers aumôniers polonais en France (2).

Réclamés par ces émigrants et poussés à la fois par leur zèle et par l'attrait de ce ministère nouveau, — ces prêtres arrivaient tout d'abord assez nombreux. Secondés par les Lazaristes et par les étudiants des facultés catholiques françaises, ces aumôniers commencèrent une organisation qui en se développant constitua la Mission Catholique Polonaise actuelle.

----

(1) Il est clair que cette tendance patronale est moins accentuée là où les patrons sont pratiquants eux-mêmes. Malheureusement ces derniers sont peu nombreux.

(2) Nous distinguons ici entre les prêtres qui, pour des raisons diverses, ont pu s'installer en France (telle était la mission Catholique Polonaise avant la guerre) et ceux qui y arrivent pour exercer un ministère.

Malheureusement, les débuts tout prometteurs qu'ils paraissaient, étaient difficiles. La différence de langue, les coutumes nouvelles, une situation matérielle très précaire, enfin une situation juridique plus incertaine encore, en ont découragé plusieurs. Le nombre des volontaires fléchissait visiblement. La nécessité d'un organisme central s'imposait de plus en plus.

Il a été créé à la suite des conférences et des visites réciproques qu'ont échangées les Evêques polonais et les Evêques français.

Le statut de cet organisme central est assez simple.

Présidée par un Recteur fixé à Paris, — la Mission reconnaît deux supérieurs — l'un, Français, dans la personne de l'Archevêque de Paris et un autre, Polonais, dans la personne du Primat de Pologne.

Ces deux dignitaires choisissent chacun un de leurs auxiliaires qui s'occupe tout particulièrement de cette Mission.

Dans son état actuel, cette Mission compte 50 Aumôniers, 46 postes régulièrement desservis et plusieurs postes desservis à des intervalles plus ou moins éloignés, tantôt par les aumôniers fixes, tantôt par des prêtres ambulants. Ces derniers se recrutent pour la plupart parmi les étudiants ecclésiastiques.

Répartis par provinces, ces aumôniers se départagent ainsi : pour Paris, 7 ; pour la région parisienne, 6 ; pour le Nord et le Pas-de-Calais, 19 ; pour l'Est, 8 et pour les mines du Massif Central, 8.

Le nombre des fidèles desservis par un prêtre varie de 3.000 à 10.000. Dans ces chiffres, n'entre pas pourtant encore à peu près un tiers de l'émigration polonaise, qui, à cause de la dispersion, de la pénurie de prêtres — ou même en raison des conditions matérielles ou autres défavorables — est complètement dépourvu de tout secours religieux. Et dans cette triste catégorie, les centres miniers et industriels sont assez nombreux.

Les plus délaissés pourtant ne sont pas encore ces derniers — Ce sont les campagnes. C'est là que des milliers et des milliers de fidèles vivent pendant des années et meurent sans avoir eu une occasion de rencontrer un prêtre parlant leur langue, capable de les comprendre et d'être compris, de rappeler les devoirs, de redresser les consciences, — de ramener de nouveau à Dieu ceux qui l'ont oublié parce qu'ils étaient délaissés.

Dans nos chapitres précdéents nous avons déjà parlé de ces ouvriers agricoles polonais, nous avons signalé aussi les dangers qui les menacent de toutes parts et nous ne voulons pas y revenir. Mais nous ne pouvons pas nous empêcher de constater que c'est là, dans les campagnes et dans les fermes solitaires, dans un milieu étranger, que sévit la plus grande misère morale. Les cas d'injustices matérielles ne sont rien à côté de ces tourments nostalgiques, de ces mélancolies et de ces états d'abattement, qui sont voisins d'une demi folie. (1)

Les femmes et les jeunes filles en sont les premières victimes. Et si à cela on ajoute encore les difficultés provenant du caractère, du milieu, et les dangers moraux si grands — on comprendra facilement le besoin d'une aide sociale et d'un soutien moral.

Et du second encore plus que du premier, car les moyens doivent se proportionner aux sujets pour lesquels ils sont employés et au mal qu'ils ont à guérir. Ces ouvriers sont des gens très simples. Primitifs dans leurs exigences : le travail et la religion remplissent leur vie. Leurs jouissances sont très peu variées. Chez eux, en Pologne, leur jour de repos, le Dimanche, est

---

(1) Il est impossible pour qui connaît ce milieu d'émigration polonaise agricole en France de ne pas être frappé par le pourcentage élevé de maladies mentales qu'on y constate et dont la nostalgie aiguë, ce « mal du pays », et l'isolement, sont la cause.

consacré à la vie religieuse presque entièrement. Ils ne connaissent pas de cinémas ni de théâtres. Les réunions amicales quoique très aimées par les Polonais hospitaliers par leur nature, ne sont pas très fréquentes parmi cette classe deshéritée. La lecture des journaux est considérée par eux comme un luxe, ils ne connaissent donc guère que l'Eglise.

Mais, dira-t-on, est-ce exclusivement pour le côté religieux ? Assurément non.

Sans doute beaucoup assistent aux offices parce qu'ils sont croyants et pratiquants sincèrement, franchement — mais on y va aussi pour beaucoup d'autres motifs.

D'abord parce que c'est une habitude. Une partie n'y va même qu'à cause de cela. Ensuite, parce que c'est là, en route, avant ou après ces offices, qu'on se rencontre, on fait des connaissances, on se raconte les nouvelles, on fait admirer ses toilettes, ses voitures ou ses chevaux — en un mot, c'est l'église, mais en même temps un but de réunion.

Leur supprimer les offices religieux, c'est leur enlever tout le beau côté de la vie, c'est la faire morne, triste et insupportable.

Ceux qui ne voient et ne comprennent pas cela ne connaissent pas le paysan polonais. Malheureusement, ceux-là ne sont encore que trop nombreux même parmi les personnalités qui par leur situation sont appelés à signer les conventions dont dépend en partie le sort de ces masses. Et comme ils agissent de bonne foi, ces personnages s'étonnent après que les intéressés veulent juste autre chose que ce qu'ils ont obtenu parfois même avec tant de peine.

Ces besoins indiqués se manifestent encore avec plus d'exigence dans le mileu polonais en pays étranger.

Aujourd'hui on parle de plus en plus de la nécessité

d'organiser les travailleurs polonais agricoles en France. On indique la simplicitr d'esprit de ces ouvriers, leur isolement, leur impuissance de parer aux dangers d'exploitation et d'injustice, et on a parfaitement raison. Ces ouvriers sont tels qu'ils ont absolument besoin d'être groupés et aidés. Ces pauvres gens, cette jeunesse, que guettent tous les dangers, ces enfants même, qui grandissent en courant les rues, ont un grand et prompt besoin d'une aide efficace.

Ce qu'on fait pour eux aujourd'hui est loin d'être suffisant. Et cela aussi bien au point de vue social qu'au point de vue religieux.

Arrêtons-nous encore un peu sur ce dernier.

En chiffres ronds, cette branche de l'émigration polonaise compte actuellement en France une soixantaine de milliers de personnes. Or pour ses 60.000 âmes, il n'y a que 4 ou 5 postes d'aumôniers ayant spécialement à s'occuper d'eux — à Meaux, à Amiens, à Soissons — un dans le Loiret et un pour la Normandie ; deux ou trois postes mi-industriels et mi-agricoles et enfin trois ou quatre étudiants qui de temps à autre leur consacrent quelques jours chaque année.

Or, si l'on veut parler de l'influence de ces postes et de ces aumôniers, — on ne peut compter que les quatre ou cinq premiers. Les autres qui, une ou deux fois par an, visitent quelques centres plus importants des départements desservis n'exercent presque aucune influence durable. Voir se multiplier ces postes, tel est le désir général de ces masses découragées par les dures conditions de leur existence.

Les conditions de la Mission religieuse dans le milieu polonais agricole en France

Et c'est encore une des plus grandes consolations d'un prêtre desservant, de voir avec quelle avidité des choses saintes, avec quel héroïsme ces chrétiens savent se dépenser pour profiter du secours qui leur est offert. A jeûn, dès l'aurore, ils feront des heures de marche pour rejoindre la gare, parcourant des dizaines de kilomètres, bravant tous les obstacles provenant de leur méconnaissance du pays et de la langue, mais ils iront malgré tout où leur devoir de catholiques les appelle.

Et après tant de peine qu'obtiennent-ils de ce prêtre si recherché ? — Quelques minutes au confessionnal, — quelques pieux avis qu'ils doivent garder pour vivre comme leurs pères, dans leur foi ardente, dans leur zèle, dans leur religieuse simplicité de vie.

Enfin, ils reçoivent Celui qui est et qui doit être pour eux comme pour tous « la voie, la vérité et la vie » — et le but est atteint, — la mission est terminée.

Quelques instants de causerie à la sortie de l'église achèvent d'habitude cette visite pastorale. Quelle simplicité cordiale dans ce petit entretien ! Les analogies avec les coutumes des journées solennelles de Pologne, les souvenirs lointains mêlés à d'autres plus récentes, les divergences des coutumes, les nouvelles, les tristesses et les joies, tout y passe.

On dirait qu'une grande famille s'est réunie, tant l'atmosphère est chaude et cordiale. Et s'il y a quelqu'un vers qui convergent tous les cœurs et les regards — c'est sans doute celui qui, par son arrivée, les a réunis tous : leur aumônier.

C'est pourquoi, quand les derniers adieux lui ont été faits, quand il s'en va porter son secours et sa

« bonne nouvelle » aux suivants, qui l'attendent déjà avec la même ardeur, — il ne peut pas s'empêcher d'admirer ces pauvres gens vraiment admirables, qui voués à leur lourde tâche ne demandent de lui qu'une chose — qu'il revienne le plus vite possible.

Et lui, est-ce qu'il reviendra ? — pourra-t-il au moins le leur promettre ? — presque jamais ! Car il sait déjà que tant d'autres le réclament à leur tour — ceux qui jamais encore n'ont eu ce bonheur — ou qui sont beaucoup plus nombreux que le groupe qui vient d'être favorisé, et qu'il est donc plus urgent de les visiter que de revenir au même lieu.

Ils sont très rares, en effet, les prêtres qui ayant ainsi parcouru des départements entiers reviennent ensuite. Ils iront ailleurs, mais rarement au même endroit.

Mais alors est-ce un ministère à proprement parler que celui-là ? Réalise-t-il ce contact personnel si indispensable entre les fidèles et leur pasteur, qu'ils connaissent et qu'ils suivent ?

Assurément non !

Donc le premier postulat : plus de prêtres et de prêtres stables — s'impose de lui-même.

Et si déjà pour des paroisses urbaines groupées cette stabilité est nécessaire, combien plus nécessaire est-elle encore dans le milieu polonais agricole, qui n'arrivera à connaître son prêtre qu'après des années entières. (1)

Ensuite il faudrait faciliter à ces prêtres leur tâche.

Les difficultés qu'ils rencontrent chaque jour sont si nombreuses et si diverses que s'ils ne sont pas aidés — les conditions dans lesquelles ils vivent ne

---

(1) Et pourtant la réalité est si différente ! Sans aucune crainte d'être contredit et ayant à peine commencé ma sixième année en France, — je suis déjà le plus ancien prêtre desservant l'émigration agricole polonaise en ce pays.

leur garantissent même pas le minimum indispensable de ressources — ils se lasseront, ils s'useront et
abandonneront leur poste.

Leurs difficultés sont d'habitude de deux sortes : les
unes d'ordre matériel et les autres d'ordre psychologique.

Parmi les difficultés du premier ordre, il faut men-
tionner en premier lieu celle de rassembler les ouailles
dispersées.

Le prêtre peut faire tout son possible, prendre tous
les moyens disponibles, user de la correspondance ou
de la presse, faire distribuer ses circulaires, et quand
il croira pouvoir trouver, le jour fixé, tous ses parois-
siens, il n'en compte qu'une moitié, qu'un tiers, et
souvent pas même un quart. Et le reste ?

Certes il y en a quelques-uns qui, déracinés, se sont
laissés gagner par le milieu ; il y en a d'autres qui
ne sont pas venus parce qu'on ne les a pas laissé
partir, crainte de les perdre ou peur que leur travail
n'en souffre.

Mais la plupart ne sont pas venus tout simplement
parce qu'ils ignoraient complètement son passage, dont
ils auraient profité avec le plus grand empressement.

La seconde difficulté résulte des moyens de communication.

Les exploitations agricoles ne se trouvent pas souvent sur les grandes lignes, — mais juste au contraire
dans les coins les plus perdus, les moins privilégiés.
Pourtant on ne peut pas non plus faire déplacer les
gens trop loin car ils seront dans l'impossibilité de se
rendre à l'appel, il faut donc aller là où ils sont.

Mais alors quelle perte de temps dans les gares
quel astreignant assujettissement aux heures des trains,
aux correspondances — quelle fatigue en même temps !

Enfin quele dépendance des gens !

Les petits villages n'ont pas d'hôtel, pas de restaurant. Donc, bon gré mal gré, on est toujours chez quelqu'un, à sa charge — Donc, gêné ou gênant,— jamais à son aise.

Et quand on ajoute à cela les difficultés d'ordre psychologique telles que les hostiles dispositions des patrons chez lesquels travaillent ces ouvriers, les réceptions peu accueillantes de prêtres paroissiaux, enfin parfois même si on ajoute les restrictions trop étroites des pouvoirs canoniques de certains diocèses, imposées à ces aumôniers — on ne doit pas être étonné que cette existence décourage et lasse vite même les plus zélés.

Pour que la vie de ces prêtres de passage puisse être non pas agréable — mais au moins supportable — il faudrait, de toute nécessité, seconder leur ministère en quelque façon.

Ainsi, par exemple, l'annonce de leur passage devrait être facilitée d'abord par les évêchés, qui pourraient en faire des communiqués officiels dans leurs périodiques destinés au clergé ; — ensuite par les curés, qui devraient annoncer du haut de la chaire ce passage du prêtre polonais ; — par les bulletins des Sociétés des Agriculteurs, — enfin, même par la presse tant polonaise que française. Ainsi annoncé, le prêtre alors même qu'il ne réussirait pas à avoir beaucoup de monde, aurait au moins cette satisfaction qu'on a fait ce qu'on a pu.

Il va de soi aussi que sa mission, qui d'ailleurs n'a pour but que le bien, devrait trouver au moins un minimum de bienveillance dans le milieu français où elle doit s'effectuer ; qu'on laisse libres ceux des Polonais qui voudraient en profiter, qu'on leur facilite leur voyage, etc.

Quand leur mission se fait un dimanche ; une nouvelle difficulté vient d'habitude de la coïncidence avec les offices paroissiaux français. C'est un dérangement dans ces offices paroisisaux sans doute, — mais n'est-ce pas pour le même Dieu qu'on travaille ?

Ils sont pourtant assez rares les curés qui, à cause du passage de l'aumônier polonais, au plus deux ou trois fois par an, — veulent bien consentir au moindre dérangement dans leurs offices. L'aumônier s'arrange comme il peut, mais alors, comme il n'a pas de choix, il fixe ses offices ou si tôt que personne ne peut arriver à temps — ou si tard, que ces pauvres gens, après avoir fait des dizaines de kilomètres, sont obligés de rester à jeûn jusqu'à deux ou trois heures de l'après-midi.

Et ils se soumettent encore à cela assez volontiers, ces braves ouvriers, — mais il ne faut pas non plus en abuser. Par contre, il ne faut pas non plus s'étonner trop si certains se découragent et fléchissent, si même ils abandonnent complètement l'assistance aux offices paroissiaux français.

L'explication de ce dernier fait n'est pas très difficile.

Ils sont catholiques, ces ouvriers polonais qui arrivent en France — mais en même temps, ce sont aussi des gens simples, timides, des étrangers toujours et partout, — aussi bien à l'église française qu'ailleurs. Combien de ces Polonais qui ne vont pas à l'église à cause de la crainte de ne pas savoir comment il faut s'y tenir. Les coutumes polonaises sont différentes des coutumes françaises. Le seul fait de l'existence des bancs et des chaises qui, très rares en Pologne, sont réservés aux vieillards et infirmes, en déroute déjà beaucoup. Craignant de prendre une place réservée aux autres, ils se groupent debout autour de la porte d'entrée — ils gênent tout le monde et ils sont gênés par tous.

Le Français est moqueur. Il s'étonne tout haut, comme il rit tout haut et de tout ce qui diffère de sa façon d'agir et de penser. Quelques gaucheries commises par les Polonais, leur façon de s'agenouiller souvent et au milieu de la nef, leurs costumes, — tout cela si différent des coutumes françaises, ne fournit que trop de sujets de plaisanteries, de rires, et même de railleries blessantes pour les Polonais si susceptibles par nature.

Et les résultats sont malheureux. Absolument incapables surtout au commencement de répondre quoi que ce soit à ces plaisanteries et à ces railleries, les Polonais cèdent. Ils abandonnent leurs costumes pour n'être pas reconnus — mais malheureusement, gagnés par le milieu, ils abandonnent aussi leurs pratiques religieuses et leur morale. Et comme ce n'est que très rarement qu'ils peuvent raviver leur foi par les Sacrements administrés par leurs aumôniers — ils se lassent et se laissent gagner par l'indifférence, puis par les mauvaises fréquentations, et enfin, par la débauche quasi inéluctable, quasi fatale.

Plusieurs tourmentés par leur conscience et touchés par la grâce se ressaisissent. Dégoûtés de cette vie déréglée qu'ils mènent et conscients de leurs fautes, ils vont même s'enfermer dans des couvents de pénitence. Plusieurs fonderont encore de bonnes familles, — mais combien d'autres se perdront complètement !

Et comme il n'y aura pas d'opinion publique polonaise, suffisante pour s'opposer à ces maux, la déchéance morale se propagera avec une rapidité stupéfiante. L'Aumônier peut venir alors dans ce milieu — mais, que pourra-t-il faire ? Il ne disposera que de quelques jours au plus et il lui faudrait des années entières pour que son travail puisse vraiment et effectivement arrêter ce flot d'immoralité grandissante.

Heureusement, à la vue de ces faits, de plus en plus on se rend compte qu'une amélioration de l'état moral de l'émigration polonaise agricole s'impose.

Les journaux polonais paraissant en France, les contentieux des services des consulats, les œuvres des « Protections polonaises » et différents congrès ont travaillé à rensеigner les autorités compétentes sur ces dangers moraux, qui atteignent l'émigration polonaise agricole en France. Chacun de ces différents organes indiquait les divers remèdes contre ce mal simultanément constaté. Les énumérer ici tous ne nous serait ni possible ni même utile. Pourtant voici au moins les plus importants.

Et tout d'abord on devrait remédier au défaut de textes des conventions à l'égard de la question religieuse de l'émigration polonaise en France. Car l'un comme l'autre des deux pays en question ont tout intérêt à ce que le niveau moral ne baisse pas dans cette émigration. La Pologne, parce que, en pareil cas, la portion de ces émigrés qui reviendrait dans le pays ne serait qu'une source de désordres, de radicalisme sinon même du communisme le plus avancé — la France parce qu'elle ne voudrait pas non plus que ces masses d'étrangers déracinés, démoralisés sèment les mêmes désordres chez elle.

Car si on veut des familles polonaises saines, tranquilles et nombreuses, il faut les avoir catholiques. La régression sur ce point de vue moral ne peut être que funeste. Il faut bien se rendre compte du fait que les athées polonais seront pires que les athées français. Le niveau intellectuel supérieur, l'attachement à son pays, un bien-être relatif des masses françaises les retiendront toujours sur sa pente du radicalisme bolcheviste — tandis que les masses émigrantes polonaises, une fois perdu leur frein presque unique de sa religion, dépaysés, déracinés, vivant dans des conditions de vie plus difficiles, et poursuivie par le mépris plus ou moins apparent des masses antochtones françaises, ne se prêteront qu'avec trop de facilité à la radicalisation sans bornes. L'histoire est d'ailleurs là pour justifier notre assertion.

Et c'est ainsi qu'au lieu des avantages — au lieu du relèvement économique, démographique et social, — la France pourra recueillir de dures déceptions.

Ici, la question religieuse cesse d'être une question privée. L'intérêt des Etats n'est que trop évident — ce n'est pas non plus un souci exclusif de l'Eglise ou de l'Episcopat français ou polonais — Cela devrait être le souci commun des ecclésiastiques comme des gouvernements — des administrations aussi bien que de l'opinion publique tout entière.

Et peut-être est-ce encore cette dernière qui y est le plus intéressée. Dans les temps démocratiques où nous vivons, c'est surtout d'elle que dépend toute position des masses aussi bien que des gouvernements.

D'où le second grand remède, c'est d'informer l'opinion publique de cette question dans les deux pays, de l'intéresser à ce problème pour que de son côté elle arrive à changer d'abord les masses et ensuite l'attitude des gouvernements.

Le troisième des grands remèdes indiqué d'ailleurs comme un des plus importants par le grand Congrès d'Emigration polonaise tenu à Varsovie le 14 Juillet de l'année dernière, — c'est la multiplication des postes d'aumôniers nationaux polonais dans les milieux polonais à l'étranger.

Le clergé polonais, qui s'est montré si zélé pour la conservation de l'esprit catholique polonais de la nation pendant les années de l'oppression ne pourra être efficacement remplacé par rien d'autre.

Le grand rôle qu'il a joué auprès de ces masses dans le passé, la grande influence sur elles dans l'état actuel en font un soutien expérimenté par excellence. Et cela d'autant plus que c'est lui, le clergé investi d'un pouvoir d'en haut, dispensateur des grâces divines, qui aura ainsi le plus de chances de réussir et d'aider au relèvement moral de ces masses.

Il est naturel aussi qu'il ait trouvé un bon accueil, surtout ces derniers temps — même dans le milieu officiel polonais. Contre la pénurie de prêtres, la Mission polonaise Catholique en France, présidée par son vénérable Recteur, lutte de son mieux. Il est heureux que pour combattre les difficultés matérielles elle ait trouvé dans la personne de M. le Conseiller Général d'Emigration d'Ambassade de Pologne à Paris, un si précieux collaborateur.

Le quatrième remède qu'on a reconnu nécessaire contre l'abaissement moral et aussi pour répondre aux doléances très nombreuses de l'émigration polonaise en France, c'est la diminution des heures de travail qui, d'après l'article 3 du contrat, peuvent être **légiti**mement demandées par les employeurs aux ouvriers polonais agricoles les Dimanches et les jours de fêtes.

Plus haut nous avons déjà indiqué notre façon de penser à ce sujet. Cet article tel qu'il était obligeant les ouvriers au travail et leur parlant de la liberté d'assister aux offices religieux était réellement impraticable. Très général dans sa teneur et très vague dans les définitions, cet article n'était favorable qu'au plus fort, c'est-à-dire, au patron. L'ouvrier ne pouvait presque jamais en profiter. C'est pourquoi il est très heureux que la délégation polonaise ait pu obtenir son amendement lors de la dernière conférence de Décembre dernier et fixer d'avance le nombre d'heures de travail obligatoire.

Très juste, ce changement sera sûrement très apprécié par l'ouvrier polonais agricole. Il concourra sûrement aussi au relèvement moral de ces masses pourvu que l'application en soit assurée exactement.

Le cinquième remède contre ce fléchissement moral

de l'émigration polonaise en France est la restriction du nombre de jeunes femmes émigrant seules.

C'est assurément la jeune fille et la jeune femme seule qui est toujours le plus exposée au danger moral. L'expérience vécue de l'émigration polonaise et surtout de l'émigration polonaise agricole en Allemagne et en France n'a fait que confirmer ce fait.

Et comme le mal qui atteint la femme, future mère et éducatrice des générations à venir est le plus profond, il était naturel que les restrictions concernant le nombre des femmes émigrantes se multiplient de plus en plus en Pologne. C'est ainsi, par exemple, qu'on a commencé d'abord de restreindre l'émigration des jeunes filles mineures, si elles voulaient partir seules, ensuite on a éliminé les femmes analphabètes, enfin on a retardé l'âge exigé. Et comme tout cela ne paraissait pas encore suffisant on a enfin interdit, à partir du 1er Janvier 1930, toute immigration féminine agricole en France.

Nous avons vu déjà plus haut les raisons pour lesquelles la France tenait à cette émigration polonaise agricole féminine. Ces raisons n'ont pas cessé d'exister, au contraire. Elles se sont même peut-être accrues encore. Et ce fait a eu lui aussi une conséquence heureuse.

Du côté français comme du côté polonais, on a commencé à attirer l'attention sur ces dangers menaçants l'immigrante polonaise.

Du côté français, comme résultats de cette constatation nouvelle, un nouvel organisme a été créé, c'est le Comité d'aide et de protection des femmes immigrantes, dont nous avons déjà parlé.

Ce Comité créé dans un but social aura ainsi une influence sur l'état moral de ses protégées. Le grand nombre de femmes faisant partie de ce comité et aussi

la collaboration de prêtres permettent de sérieuses
espérances.

Il est vrai qu'il serait prématuré de prédire un relèvement moral prochain même tous ces remèdes agissant ensemble, mais en tout cas ce souci général, n'est-
ce pas déjà un progrès vers le bien ?

Quoi qu'il en soit enfin, et pour revenir à notre idée
émise plus haut, une chose paraît certaine : le niveau
moral de l'émigration polonaise en France en général
— et de l'émigration agricole polonaise en particulier
— dépendent en grande partie du niveau moral et religieux français : tout ce qui élève ce dernier, poussera et
favorisera aussi le premier.

Puissent donc tous les efforts communs produire les
résultats espérés.

CONCLUSION

Au terme de cette longue étude, qu'il nous soit permis de donner maintenant une conclusion générale.

Passant en revue les causes de l'émigration polonaise, et ensuite celles nécessitant un recours à l'immigration pour la France, nous avons pu constater un fait qui nous paraît indéniable et qui consiste dans un intérêt commun des deux nations à l'égard de l'émigration polonaise en France.

En effet les raisons historiques, économiques et politiques confirment d'une manière indiscutable nos assertions. Il est très heureux pourtant que la coïncidence entre le caractère agricole de cette émigration dont dispose la Pologne et le besoin de la même émigration agricole de la part de la France a pu encore renforcer ces raisons.

Plus que de toute autre chose, la France souffre actuellement du dépeuplement.

Loin de nous cette conception simpliste qui prétendrait qu'une seule cause provoque ce mal, (1) comme par conséquent aussi qu'un seul moyen est capable d'y

---

(1) M. F. Auburtin, La Natalité, Paris, p. 57-104, indique comme causes principales de la dépopulation : Causes d'ordre patologique : alcoolisme, tuberculose, avarie et mortalité infantile ; — causes d'ordre psychologique : l'individualisme, la bureaucratie — et enfin autres causes diverses telles que : l'arrivisme ou capillarité sociale, l'impôt injustement réparti, les lois dites sociales, l'exagération de l'esprit d'épargne, le divorce, le féminisme, le régime successoral du Code Civil et le néo-mathusianisme.

porter remède. Mais en tout cas, le fait le plus saillant et nous dirons même la cause principale de ce mal dont souffre la France c'est la désertion des campagnes.

Malgré ses grandes villes et ses grandes industries, la France est un pays agricole. Donc le mal qui atteint ces masses agricoles atteint la partie prépondérante de la nation.

Malheureusement, par la mort, par le défaut de naissances et par l'urbanisation trop poussée, les campagnes françaises se vident.

Et si déjà J. J. Rousseau pouvait dire que « les villes sont le gouffre de l'espèce humaine » où « au bout de quelques générations les races périssent ou dégénèrent » — et que « c'est toujours la campagne qui fournit le renouvellement » (1), combien plus exactes seraient ces paroles aujourd'hui !

Les campagnes de France se vident d'une façon effroyable, les terrains très fertiles et très riches restent déjà aujourd'hui dans plusieurs régions presque totalement incultes.

Pourtant pourront-ils rester tels longtemps encore au milieu d'une Europe surpeuplée ? Ou au contraire ne cèderont-ils pas sous la pression des flots comme une plaine devant les flots d'une crue ?

« Il faut combler les vides, écrivaient les évêques français à leurs fidèles au lendemain de la guerre, si l'on veut que la France reste aux Français, et qu'elle soit assez forte pour se défendre et prospérer. (2) »

Il faut combler ces vides d'abord par des Français, cela va sans dire. — Mais comme ils manquent, ne serait-ce pas le moins dangereux, le plus avantageux

---

(1) Emile, liv. I.

(2) Lettre des cardinaux, archevêques et évêques de France aux catholiques français du 7. V. 1919.

peut-être de les combler par des Polonais plutôt que par d'autres : des Italiens, des Allemands ou des Espagnols, qui dès demain pourraient déjà venir réclamer comme leur ce terrain limitrophe ainsi cédé.

Les Polonais sont passionnés pour la terre, les familles sont très nombreuses, leur patrie si lointaine que, si nationalistes qu'ils puissent paraître, ils ne seront jamais dangereux pour leur seconde patrie...

Pourtant ce n'est pas nos propres intérêts polonais que nous plaidons ainsi.

Le sort de la France et celui de la Pologne même malgré leur volonté propre sont si étroitement liés que, selon toute probabilité, ils resteront toujours tels.

M. F. Auburtin terminant sa longue étude sur la natalité de la France (1) conclut par cette terrible alternative : « Il faut qu'elle se régénère ou qu'elle meure ».

Or, nous Polonais, nous n'avons aucun intérêt « qu'elle meure » et au contraire, nous lui souhaitons de tout notre cœur « qu'elle se régénère ». Et en le souhaitant nous voulons aussi de notre mieux l'aider dans cette régénération.

C'est dans ce but aussi que la Pologne lui envoie ses familles, ses fils et ses filles. Elle veut bien continuer à les lui envoyer, mais que la France de son côté leur assure un bon accueil, qu'elle leur fasse des conditions matérielles plus équitables, le traitement plus bienveillant et plus juste.

Qu'elle enraye l'exploitation pratiquée dans le domaine des salaires, qu'elle leur assure une protection sociale au moins telle que la leur garantissent les textes légaux, qu'elle leur facilite par des crédits correspondants l'acquisition de cette terre qu'ils cultivent.

____

(1) Op. cit. p. 400.

Et pour passer au domaine intellectuel et religieux — qu'elle se montre plus large et plus bienveillante vis-à-vis de tout ce qui est spécifiquement polonais.

Sans doute partout, mais surtout sur ces points, l'entente ne sera pas possible sans de mutuelles concessions. Mais enfin, aucun Polonais ne songe à établir en France des colonies polonaises indépendantes.

Dans un certain nombre d'années, les masses polonaises fixées en France ne résisteront pas à l'assimilation.

Mais qu'on prenne garde à ne pas brusquer celles-ci par des restrictions injustes ou partiales. Qu'on ne violente pas les consciences ni les intelligences de ces émigrés, qui tant qu'ils se sentiront tels ont droit à leur vie propre et à la tolérance.

Il ferait de la politique a très courte vue, sinon tout à fait dangereuse, celui qui voudrait agir autrement. Car non seulement les difficultés ne tarderaient pas à se multiplier, les relations à s'envenimer, mais l'amitié séculaire elle-même pourrait être compromise.

Et pourtant elle doit de toute nécessité subsister.

ANNEXES

ANNEXE I.

Convention franco-polonaise relative a l'émigration et a l'immigration.

Le Président de la République Française et le Chef de l'Etat Polonais, au nom de la République Polonaise, désirant régler dans le plus grand esprit d'entente amicale les mouvements d'émigration entre les deux pays et assurer à leurs nationaux respectifs la réciprocité des bénéfices de la protection du travail, ainsi que de la législation en vigueur sur la réparation des dommages résultant des accidents du travail ont résolu de conclure, à cet effet, une convention *et* ont nommé pour leurs plénipotentiaires :

Le Président de la République Française :

M. Maurice Fouchet, chargé d'affaires de la République en Pologne ;

Le Chef de l'Etat Polonais :

M. Ladislas Skrzynski, Sous-Secrétaire d'Etat aux Affaires Etrangères, lesquels, après avoir échangé leurs pleins pouvoirs, trouvés en bonne et due forme, sont convenus des articles suivants :

Article premier. — Le gouvernement français et le gouvernement polonais conviennent :

1° De donner toutes facilités administratives aux nationaux de chacun des deux pays désireux de se rendre individuellement dans l'autre pour y travailler ainsi que pour leur rapatriement dans leur pays d'origine, sous réserve de l'application des dispositions énoncées ci-dessous ;

2° D'autoriser le recrutement collectif des travailleurs

dans l'un des deux pays pour le compte d'entreprises situées dans l'autre, dans les conditions stipulées par la présente convention.

I. — *Dispositions générales.*

Art. 2. — Les travailleurs immigrés recevront, à travail égal, une rémunération égale à celle des ouvriers nationaux de même catégorie employés dans la même entreprise ou, à défaut d'ouvriers nationaux de même catégorie employés dans la même entreprise, une rémunération basée sur le taux de salaire normal et courant de la région.

Art. 3. — Ils jouiront de la protection accordée aux travailleurs par la législation intérieure des hautes parties contractantes, ainsi que de la protection que les parties contractantes pourraient leur assurer en vertu de conventions spéciales, conclues soit entre elles, soit avec d'autres puissances.

En ce qui concerne les accidents du travail et conformément au dernier paragraphe de l'article 3 de la loi française du 9 Avril 1898 sur les accidents du travail, et dans les conditions indiquées par ce paragraphe, les restrictions prévues en ce qui concerne les travailleurs polonais, victimes d'accidents, ainsi que leurs ayants droit ou leurs représentants ne résidant pas ou ayant cessé de résider sur le territoire français, sont levées de plein droit en raison de la réciprocité assurée aux ouvriers français par la législation polonaise reconnue équivalente.

Un accord conclu sous forme d'entente entre les administrations françaises et polonaises compétentes précisera les dispositions nécessaires au payement des rentes et pensions en Pologne et en France.

Art. 4. — Si, postérieurement à la mise en vigueur de la présente convention, des conventions conclues entre l'une des deux parties contractantes et une autre puissance accordaient aux ouvriers de cette dernière des avantages plus étendus que ceux prévus à la présente convention, le bénéfice en sera accordé aux ressortissants de l'une et de l'autre des hautes parties contractantes employées dans l'autre pays.

Art. 5. — L'administration qualifiée de chacun des deux pays veillera à la protection des travailleurs et à l'application, tant de la législation du travail que des règles mentionnées ci-dessus en ce qui concerne les travailleurs de l'autre pays employés sur son territoire. C'est à cette administration que seront adressées ou transmises soit directement soit par l'intermédiaire des autorités consulaires compétentes, toutes les réclamations formulées par les travailleurs étrangers, lesquelles pourront être rédigées dans leur langue maternelle en ce qui concerne les conditions de travail et d'existence qui leur seraient faites par leurs employeurs ou les difficultés de toute nature qu'ils pourraient éprouver du fait de leur présence en pays étrangers.

Il n'est apporté aucune restriction par les stipulations du présent article aux attributions des consuls telles qu'elles résultent ou résulteront des traités, conventions et lois du pays de résidence.

II. — *Emigration individuelle.*

Art. 6. — Sous réserve des dérogations temporaires et exceptionnelles prévues par l'article 10 de la présente convention, aucune autorisation spéciale ne sera exigée à la sortie du pays d'origine pour les travailleurs qui se rendent individuellement et spontanément d'un pays dans l'autre pour trouver un emploi, ni pour eux, ni pour leurs familles.

Réciproquement, aucune autorisation spéciale ne sera exigée à la sortie du pays de résidence pour les travailleurs étrangers, ni pour leur retour dans leur pays d'origine.

Pour jouir des avantages de la présente convention, ces travailleurs devront se munir des pièces d'identité délivrées par les autorités nationales.

Art. 7. — Les travailleurs émigrant individuellement et spontanément seront recueillis à leur arrivée au pays de destination par les autorités de ce pays qui les laisseront pénétrer librement dans l'intérieur du pays, sous réserve de l'application des lois et règlements sanitaires ou de police et des dispositions formulées ci-dessous.

Art. 8. — Si les travailleurs immigrés produisent à leur arrivée à la frontière un contrat d'embauchage, ils pourront se rendre à leur destination, étant bien entendu que ce contrat ne contient, ni de la part du travailleur, ni de la part de l'employeur des stipulations contraires aux principes de la présente convention.

ART. 9. — Si ces travailleurs immigrés ne produisent pas lors de leur arrivée à la frontière un contrat d'embauchage, ou si ce contrat contient des stipulations contraires à la présente convention, ils seront dirigés sur la destination de leur choix, s'ils ont les moyens de s'y rendre. En cas contraire, ils seront reçus dans un des centres d'hébergement gratuit ou adressés à un service de placement gratuit proche de la frontière. Ces centres ou services leur procureront un emploi dans des conditions conformes aux principes de la présente convention et dans la mesure où le placement pourra s'effectuer sans préjudice pour les travailleurs nationaux.

ART. 10. — Au cas où l'état du marché du travail ne permettrait pas à certaines périodes, dans certaines régions et pour certaines professions, de procurer un emploi aux émigrants venant individuellement et spontanément chercher du travail, le gouvernement intéressé en avertirait immédiatement, par voie diplomatique, celui du pays qui, à son tour, en informerait ses nationaux.

Au cas où cette notification ne produirait pas le résultat cherché, les parties contractantes arrêteraient d'un commun acccord toutes autres mesures utiles.

III. — *Recrutement collectif.*

ART. 11. — Les deux hautes parties contractantes s'engagent à autoriser les opérations de recrutement collectif sur leur territoire, pour le compte des entreprise situées dans l'autre pays, dans les conditions indiquées ci-dessous.

ART. 12. — Le gouvernement du pays où s'opère le recrutement se réserve de déterminer les régions où le recrutement sera autorisé, celui du pays où se trouvent les employeurs se réservant de déterminer les régions où les travailleurs pourront être dirigés.

Les gouvernements des deux pays fixeront d'un commun accord le nombre et la catégorie des travailleurs qui pourront faire l'objet d'un recrutement collectif, de manière à ne nuire ni au développement économique de l'un des pays, ni aux travailleurs nationaux de l'autre. Ils constitueront, à cet effet, une commission qui se réunira alternativement à Paris et à Varsovie au moins une fois par an.

Chacun des deux gouvernements présentera à cette commission l'avis d'un Comité consultatif national, dans lequel figureront, avec des représentants des services intéressés, des représentants patronaux et des représentants ouvriers.

Art. 13. — Le recrutement collectif sera effectué dans les limites indiquées ci-dessus et sous le contrôle de l'Administration qualifiée du pays où il s'opère par les organismes officiels de placement du pays sur le territoire duquel se fait le recrutement.

En Pologne, il sera assuré exclusivement par l'intermédiaire du bureau national de placement et de protection des émigrants, en France par l'Office national de placement. Toutefois les ouvriers ainsi recrutés seront, antérieurement à leur départ, acceptés et classés ou refusés, soit par une mission officielle du gouvernement du pays sur le territoire duquel ils doivent être employés, soit par le représentant de l'employeur opérant seulement pour le compte de l'établissement auquel il appartient, soit par le représentant d'une organisation professionnelle, lesquels devront, dans l'un et l'autre de ces deux derniers cas, être agréés par les deux gouvernements.

Les contrats de travail proposés par les employeurs et les demandes d'ouvriers présentées par eux seront conformes à des contrats types et à des demandes types établis par voie d'accord entre les administrations qualifiées de France et de Pologne.

Un exemplaire de la demande correspondant à chaque opération de recrutement collectif sera soumis par l'employeur au visa de l'administration qualifiée du pays où les ouvriers devront être employés et transmis par celle-ci à l'administration qualifiée du pays sur le territoire duquel se fait le recrutement.

Le visa ne sera donné que si les conditions contractuelles prévues dans la demande sont conformes aux principes posés dans la présente convention, s'il peut être pourvu convenablement au logement et à l'alimentation des ouvriers et si les besoins de main-d'œuvre justifient le recrutement de la part de l'entreprise intéressée.

La demande visée sera transmise par la voie diplomatique à l'autorité qualifiée du pays où le recrutement doit s'effectuer, avec indication du nombre et de la catégorie d'ouvriers et, s'il y a lieu, du nom de l'agent chargé de collaborer à l'embauchage dans les conditions prévues à l'alinéa 2 du présent article.

Art. 14. — Des arrangements spéciaux conclus entre les administrations qualifiées de l'une et de l'autre des hautes parties contractantes détermineront les conditions d'application de la présente convention en ce qui concerne le recrutement collectif, les mesures sanitaires au départ et le transport des travailleurs.

Un règlement établi d'accord entre les administrations française et polonaise compétentes déterminera en outre les conditions dans lesquelles seront transférées dans les caisses d'épargne du pays d'origine les économies déposées par les travailleurs dans les caisses d'épargne de l'autre pays.

Art. 15. — Les dispositions des articles 1er à 5 de la présente convention sont applicables aux ouvriers de chacun des deux pays employés dans l'autre antérieurement à la mise en vigueur de la présente convention.

Art. 16. — La présente convention sera ratifiée et les ratifications en seront échangées à Paris aussitôt que possible.

Elle entrera en vigueur en France et en Pologne un mois après qu'elle aura été publiée dans les deux pays, suivant les formes prescrites par leur législation respective.

Elle aura une durée d'un an et sera renouvelée d'année en année, par tacite reconduction, sauf dénonciation, dans les trois mois précédant l'expiration de chaque période.

Toutes les difficultés relatives à l'application de la présente convention seront réglées par la voie diplomatique.

En foi de quoi, les plénipotentiaires, M. Maurice Fouchet, d'une part, et M. Ladislas Skrzynski, d'autre part, ont signé la présente convention et y ont apposé les sceaux de leurs armes.

Fait à Varsovie, en double exemplaire, le 3 Septembre 1919.

Signé : SKRZYNSKI.

Signé : M. FOUCHET.

ANNEXE II.

Convention franco-polonaise
relative a l'Assistance et a la Prévoyance sociales.

Le Président de la République française et le chef de l'Etat polonais désirant régler, dans le plus grand esprit d'entente amicale, les conditions dans lesquelles les travailleurs français en Pologne et polonais en France seront appelés à bénéficier des lois d'assistance et des lois d'assurance et de prévoyance sociales et pourront exercer le droit syndical et le droit d'association, conformément aux lois internes de chacune des hautes parties contractantes, ont résolu de conclure, à cet effet, une convention et ont nommé pour leurs plénipotentiaires :

Le Président de la République française :

M. Hector-André de Panafieu, envoyé extraordinaire et ministre plénipotentiaire de la République française à Varsovie, officier de l'ordre national de la Légion d'honneur ;

M. William Oualid, agrégé d'économie politique des facultés de droit, chef du service de la main-d'œuvre étrangère au ministère du travail, décoré de la Croix de guerre.

Le chef de l'Etat polonais :

M. Charles Bertoni, envoyé extraordinaire et ministre plénipotentiaire, secrétaire général du ministère des affaires étrangères.

Lesquels, après avoir échangé leurs pleins pouvoirs, trouvés en bonne et due forme, sont convenus des articles suivants :

Article premier. — Le régime des retraites ouvrières et paysannes (y compris les retraites spéciales des ouvriers mineurs), en vigueur dans chacun des deux pays, doit être appliqué aux ressortissants de l'autre, sans exclusion ou réduction des droits accordés aux ressortissants du pays, réserve faite de ce qui est prévu ci-après touchant le mode de calcul et de paiement des bonifications et allocations à la charge de l'Etat.

Les avantages prévus au présent article seront acquis aux assurés qui demanderont et obtiendront leur retraite

après la date d'entrée en vigueur du présent traité. Ils
seront acquis aux veuves et aux orphelins dont les droits
naîtront après ladite date.

En ce qui concerne les allocations complémentaires et
bonifications de l'Etat, les règles suivantes sont applicables :

Les périodes de versement et les périodes assimilées
entrant légalement en compte, tant en Pologne qu'en
France, se totalisent pour déterminer le droit à la bonification.

Chacun des deux Etats établit pour ordre le montant de
la bonification à laquelle l'assuré aurait droit, à son tarif,
sous sa propre loi et dans les conditions de cette loi pour
le temps total calculé comme il est dit au paragraphe précédent. Il détermine ensuite la part précédemment établi
en proportion de la période de temps qui le concerne.

La bonification de l'assuré est le total des parts de bonification incombant à chaque Etat.

Toutefois, dans le cas où la bonification totale ainsi calculée est inférieure à la bonification qui serait due par
l'un des pays d'après sa propre loi, et en raison des seules
périodes de versement ou des périodes assimilées accom-
plies sur son territoire, la part de la bonification à la
charge de ce pays sera augmentée de la différence.

Les règles ci-dessus sont applicables aux bonifications
des pensions d'invalidité.

Les allocations en cas de décès sont dues aux ayants
droit des assurés décédés, sous réserve que ces ayants droit
auront formé leur demande dans le délai d'un an à dater
de la notification du décès au consul du pays d'origine
de l'intéressé. Elles sont supportées concurremment par
les deux pays en se référant aux principes ci-dessus ex-
posés pour les bonifications.

Les accords prévus à l'article 14 préciseront les conditions d'application des principes relatifs aux bonifications et allocations.

Les relations entre les organismes français et polonais
de retraite, les informations qu'ils devront se fournir réciproquement pour rendre possible l'établissement des
comptes des assurances de l'autre nationalité, tant au
cours de l'acquisition, qu'à l'époque de la liquidation de
la retraite, les mesures à prendre pour faciliter le payement en France, par les caisses françaises de l'adminis-

tration postale, des pensions acquises aux caisses polonaises et réciproquement, seront déterminées par les accords prévus à l'article 14.

Art. 2. — L'égalité de traitement déjà réalisée en matière de réparation des accidents de travail (conformément à l'article 3 de la convention du 3 Septembre 1919, relative à l'émigration et à l'immigration), est confirmée par le présent traité et s'appliquera au développement éventuel de la législation.

Les mêmes principes de réciprocité s'étendront, dans les conditions qui seront précisées par des arrangements spéciaux conclus entre les administrations compétentes des deux pays, à toutes les lois d'assurance sociale contre les divers risques, tels que maladie, invalidité, chômage, actuellement en vigueur ou qui pourraient être ultérieurement établies.

Art. 3. — Pour tout ce qui concerne l'acquisition, la possession, la transmission de la petite propriété rurale et urbaine, les ressortissants de chacun des deux pays auront dans le territoire de l'autre les mêmes droits et avantages assurés aux ressortissants du pays à l'exclusion toutefois des avantages concédés à l'occasion de faits de guerre et sous réserve des dispositions prévues dans l'intérêt de la sécurité nationale, pour certaines zones ou certains lieux, par des lois relatives au séjour et à l'établissement des étrangers.

Art. 4. — Les travailleurs et employeurs polonais résidant en France qui ont adhéré à une société de secours mutuels française pourront faire partie du conseil d'administration sous réserve que le nombre des administrateurs étrangers ne dépassera pas la moitié moins un du nombre total des membres du conseil.

Les ressortissants polonais résidant en France qui ont adhéré à une société de secours mutuels approuvée ou reconnue d'utilité publique, bénéficieront des subventions allouées par l'Etat en vue de la retraite par livret individuel et auront droit aux pensions constituées sur fonds communs.

Les dispositions des deux alinéas ci-dessus s'appliquent aux ressortissants français en Pologne.

Art. 5. — Les subventions aux caisses mutuelles de secours contre le chômage, les secours des fonds publics de chômage et des institutions publiques d'assistance par le travail seront attribués, dans chacun des Etats contractants, aux ressortissants de l'autre Etat.

Art. 6. — Les ressortissants de chacun des deux Etats qui, soit par suite de maladie physique ou mentale, de grossesse ou d'accouchement, soit pour toute autre raison, ont besoin de secours, de soins médicaux ou d'autre assistance quelconque, seront traités sur le territoire de l'autre Etat contractant pour l'application des lois d'assistance à l'égal des ressortissants de ce dernier, soit à domicile, soit dans les établissements hospitaliers.

Les ressortissants de l'un des deux Etats auront droit dans l'autre aux allocations d'Etat, pour charge de famille ayant un simple caractère de secours, si leurs familles y résident avec eux.

Art. 7. — Les frais d'assistance engagés par l'Etat de résidence ne donneront lieu, en aucun cas, quelle qu'en soit la cause ou l'importance, à aucun remboursement de la part de l'Etat, ni des départements, provinces, communes ou institutions publiques du pays dont la personne assistée possède la nationalité, en tant que l'assistance susdite sera nécessaire par suite d'une maladie aiguë déclarée telle par le médecin traitant.

Dans les autres cas, y compris les rechutes, les remboursements seront admis pour la période successive aux premiers soixante jours.

Art. 8. — L'Etat de résidence continuera aussi de supporter la charge de l'assistance sans remboursement :

1° En ce qui concerne l'entretien, soit à domicile, soit dans les hospices de vieillards, des infirmes et des incurables, ayant au moins quinze ans de résidence continue dans le pays où ils sont admis au bénéfice de la pension d'assistance ou de séjour gratuit dans un asile de vieillesse. La période susdite sera réduite à cinq ans lorsqu'il s'agira d'une invalidité consécutive à l'une des maladies professionnelles dont la liste sera établie par un des accords prévus à l'article 14 ;

2° En ce qui concerne toutes les personnes malades, les aliénés et tous autres assistés ayant cinq ans de résidence continue dans ledit pays. Dans le cas où il s'agit d'un traitement de maladie, le travailleur qui, pendant la période susdite, a séjourné dans le pays au moins cinq mois consécutifs chaque année sera considéré comme ayant la résidence continue.

En ce qui concerne les enfants mineurs de seize ans, il suffira que le père, la mère, le tuteur ou la personne qui en a la garde remplisse les conditions de séjour ci-dessus déterminées.

Art. 9. — A l'expiration du délai de soixante jours pour les assistés qui ne rempliront pas les conditions de séjour prévues par l'article précédent, l'Etat du pays d'origine sera tenu, à son choix, après avis de l'Etat de résidence, soit de rapatrier l'assisté, si celui-ci est transportable, soit d'indemniser des frais de traitement l'Etat de résidence. Le rapatriement ne sera pas imposé dans les cas de l'assistance spéciale aux familles nombreuses et aux femmes en couches.

Art. 10. — Les deux gouvernements régleront dans les accords prévus à l'article 14, avec les mesures de détail et d'exécution :

1° La procédure, les conditions et les modalités du rapatriement ;

2° Le mode de constatation et d'évaluation de la durée de la résidence continue.

Les avis prévus à l'article 9 donnés par l'Etat de résidence devront parvenir aux autorités de l'Etat du pays d'origine désignées dans ledit accord, dans les vingt premiers jours du délai de soixante jours, faute de quoi le délai serait prolongé de la durée du retard.

Les deux gouvernements s'engagent à veiller à ce que dans les agglomérations renfermant un nombre important de travailleurs de l'autre nationalité, les moyens et les ressources d'hospitalisation ne fassent pas défaut aux ouvriers malades ou blessés et à leurs famillles.

Les cotisations qui pourraient être imposées aux employeurs ou consenties par eux dans ce but n'auraient pas le caractère de taxes spéciales sur la main-d'œuvre étrangère.

Lorsque le traitement médical à domicile, dans les hôpitaux ou dans les infirmeries sera assuré par les soins et aux frais des employeurs, les travailleurs y auront droit et ce, sans qu'il y ait lieu à aucun remboursement.

Les remboursements exigibles de l'Etat du pays d'origine, en vertu de l'article 9 ci-dessus, deviendront sans objet lorsque lesdits frais seront acquittés par l'employeur volontairement, ou en vertu d'une disposition du contrat de travail.

Il en sera de même s'ils ont été acquittés par une société de bienfaisance ou de toute autre façon.

Art. 11. — Les associations de bienfaisance, d'assistance, d'aide sociale ou intellectuelle, ainsi que les sociétés coopératives de consommation entre Français en Pologne et Polonais en France, et les associations mixtes dans l'un et l'autre pays, constituées et fonctionnant conformément aux lois du pays, posséderont les droits et avantages qui sont assurés aux associations polonaises ou françaises de même nature.

Art. 12. — Les ressortissants de chacun des deux pays jouiront, sur le territoire de l'autre, de la liberté d'adhérer ou de ne pas adhérer à des syndicats ou groupements professionnels ou corporatifs accordés aux ressortissants du pays, sous réserve des dispositions légales touchant l'administration de ces syndicats ou groupements.

Les travailleurs ou employeurs des deux pays pourront faire partie des comités de conciliation et d'arbitrage dans les différends collectifs entre employeurs et salariés, dans lesquels ils seraient parties intéressées.

Lorsque les ouvriers polonais d'une exploitation minière auront désigné parmi leurs camarades de la même entreprise, un mandataire pour exposer leurs demandes relatives aux conditions du travail, soit aux patrons, soit aux délégués mineurs, soit aux autorités chargées de la surveillance du travail, les autorités françaises susdites lui faciliteront l'exercice de la mission qui lui est confiée par ses camarades. Et de même pour les ouvriers mineurs français en Pologne.

Art. 13. — Conformément au principe posé dans le premier alinéa de l'article 3 de la convention franco-polonaise du 3 Septembre 1919, relative à l'émigration t à l'immigration, les ressortissants de chacune des deux parties contractantes jouiront, sur le territoire de l'autre, de l'égalité de traitement avec les ressortissants du pays, pour tout ce qui concerne l'application des lois réglementant les conditions du travail et assurant l'hygiène et la sécurité des travailleurs.

13

Cette égalité de traitement s'étendra aussi à toutes les dispositions qui pourront être promulguées à l'avenir en cette matière dans les deux pays.

Art. 14. — Les administrations compétentes des deux pays arrêteront, d'un commun accord, les mesures de détail et d'ordre nécessaires pour l'exécution des dispositions de la présente convention, qui nécessitent la coopération des services administratifs. Elles détermineront également les cas et les conditions dans lesquelles les services correspondent directement.

Art. 15. — La présente convention sera ratifiée et les ratifications en seront échangées à Paris, aussitôt que possible.

Elle entrera en vigueur dès que les ratifications auront été échangées.

Elle aura une durée d'un an, elle sera renouvelée tacitement d'année en année, sauf dénonciation.

La dénonciation devra être notifiée trois mois avant l'expiration de chaque terme.

Toutes les difficultés relatives à l'application de la présente convention seront réglées par voie diplomatique.

Au cas où il n'aura pas été possible d'arriver, par cette voie, à une solution, lesdites difficultés seront soumises, même sur la demande d'une seule des parties, au jugement d'un ou plusieurs arbitres qui auront mission de les résoudre selon les principes fondamentaux et l'esprit du présent traité.

Un arrangement spécial réglera l'institution et le fonctionnement de l'arbitrage. Chaque partie pourra faire état, à titre d'information, de l'avis d'un des bureaux ou organes internationaux compétents en la matière. Cet avis pourra être demandé, au même titre, d'accord entre les arbitres.

En foi de quoi les plénipotentiaires MM. Hector-André de Panafieu et William Oualid, d'une part, et M. Charles Bertoni, d'autre part, ont signé la présente convention et y ont apposé leurs cachets.

Fait à Varsovie, en double exemplaire, le 14 Octobre 1920.

Signé : A. de Panafieu.

— W. Oualid.

— K. Bertoni.

ANNEXE III.

Demande d'ouvrier agricole étranger.

Nom de l'employeur (1)
Demeurant à
Commune de
Bureau de poste
Département
Gare (2)
engage pour une durée de   *mois* (3)
(4)   **HOMMES** *de catégorie*
(4)   **FEMMES** *de catégorie*
Un ménage : *Homme catégorie*
             Femme catégorie
Une famille de   membres travaillant
     et de   membres non travaillant
NATIONALITÉ (5). — *Lithuaniens — Polonais —*
     Tchécoslovaques — Yougoslaves — Réfugiés russes
     — Scandinaves.
SALAIRES OFFERTS, logement compris (6).
Par mois {   avec nourriture et blanchissage   sans nourriture ni blanchissage
          Homme
          Femme

A la tache ou a la journée
CONDITIONS DE LOGEMENT (7).

N° de tél.   Adr. télégr.

ASSURANCE CONTRE LE RISQUE DE DÉBAUCHAGE

Maximum à assurer (200 fr. / 330 fr. / 400 fr. vers^er) Prime (23.» • / 39.» • / 69.50)

L'employeur désire assurer chacun des ouvriers demandés pour un maximum de : (1)

(1) Si l'employeur ne veut pas être assuré, rayer la mention ci-dessus.

L'employeur signataire de la présente demande s'engage à exécuter toutes les clauses du contrat dont il reconnait avoir eu connaissance avant son établissement et autorise l'organisme chargé du recrutement à signer en son nom les contrats d'embauchage établis en conformité de la présente demande. Il s'engage à recevoir l'ouvrier demandé lorsqu'il lui sera envoyé : en cas de refus de sa part il n'aura pas droit au remboursement des frais d'introduction déboursés par lui et utilisés pour faire venir l'ouvrier.

L'organisation chargée du recrutement et de l'introduction ne prend aucun engagement quant au délai dans lequel les demandes pourront être satisfaites, ni quant au prix auquel les ouvriers pourront être introduits en raison des difficultés matérielles ou des variations des conditions économiques indépendantes de sa volonté et de son activité qui peuvent survenir pendant l'exécution. Son service de sélection prend toutes dispositions pour ne procurer que des ouvriers qualifiés et répondant à la demande, mais ne saurait cependant être rendu responsable d'une erreur venant à se produire.

En cas de modification des frais d'introduction entre le moment où la demande a été déposée et l'arrivée de l'ouvrier, l'employeur aura la faculté d'accepter le nouveau tarif dans les cinq jours qui suivront l'envoi de la lettre d'avis, ou d'annuler sa demande.

En outre, l'employeur ayant demandé à s'assurer contre le débauchage dans les conditions indiquées ci-dessus par lui, reconnait avoir pris connaissance des statuts de la Mutuelle dont il a reçu un exemplaire, déclare les accepter et demande à adhérer, à la caisse pour la durée du conrtat d'embauchage.

       Fait à   le   Signature de l'employeur

---

(1) Ecrire très lisiblement, et donner toutes indications nécessaires pour que l'adresse soit complète.

(2) Indiquer la gare de grand réseau la plus rapprochée et de préférence une gare située sur une grande ligne.

(3) La durée de l'engagement ne peut être supérieure à douze mois.

(4) Indiquer le nombre des ouvriers demandés dans une des catégories inscrites au verso ; des ouvriers de catégories différentes ne devront pas être demandés sur la même formule. L'employeur devra établir autant de demandes qu'il y aura de catégories différentes.

(5) Si l'employeur a une préférence pour une nationalité, il devra la souligner. Il ne devra rayer que les nationalités dont il ne consent pas à recevoir d'ouvriers.

(6) Les salaires ne peuvent être inférieurs à ceux indiqués sur la fiche jointe, en regard de chaque catégorie.

(7) Indiquer l'importance du logement réservé aux familles et, s'il s'agit de charretiers, bouviers ou vachers, s'ils doivent coucher dans les écuries ou les étables.

Lettre devant être portée sur la demande pour désigner la catégorie		CATEGORIES	
Ouvriers isolés	A	VACHER.	Homme à toute main, sachant traire, ayant manifesté le désir de se spécialiser, et susceptible de devenir par la suite un vacher accompli.
	B	BOUVIER.	Homme sachant mener les bœufs de travail et connaissant en outre tous les travaux agricoles.
	C	CHARRETIER.	Homme sachant conduire un attelage de plusieurs chevaux, sachant bien labourer et connaissant la conduite des machines agricoles.
	D	BERGER.	
	E	JARDINIER.	Homme apte à l'entretien d'un jardin sans qu'une connaissance spéciale des quatre branches lui soit demandée.
	H	HOMME à toute main.	Apte à tous les travaux agricoles en général et connaissant la conduite des chevaux.
	Express	HOMME à toute main. « Express ».	Apte à tous les travaux agricoles en général et connaissant la conduite des chevaux.
	K	JEUNES GENS de 16 à 18 ans.	Sans spécialisation, travaux agricoles en général.
	O	BUCHERON.	
	P	SAISONNIER.	Betterave, foin, moisson.
	R	SAISONNIER.	Foin. moisson.
	S	SAISONNIER.	Vendange.
	V	VACHÈRE.	Susceptible de traire 10 à 12 vaches.
	T	BONNE DE FERME.	Sachant traire et apte aux travaux de basse-cour et d'intérieur de ferme.
	X	BONNE DE FERME.	Ne sachant pas traire et apte aux travaux de basse-cour et d'intérieur de ferme.
	Rapide	BONNE DE FERME.	Ne sachant pas traire et apte aux travaux de basse-cour et d'intérieur de ferme.
	Z	SPÉCIALISTE.	Doivent être mentionnés dans cette catégorie tous les ouvriers qui ne peuvent être compris dans l'une des catégories ci-dessus. Quelques explications aussi précises et brèves que possible devront être données.
MÉNAGES sans enfant.			Les ménages les plus faciles à recruter et, par conséquent, introduits le plus rapidement, sont les ménages comprenant : le mari : homme à toute main (catégorie H) ; la femme : bonne de ferme (catégorie X ou T).
FAMILLES.			L'Office est en mesure de procurer : *a*) des familles d'ouvriers agricoles proprement dits ; *b*) des familles de petits possédants désireux de s'établir comme métayers après avoir effectué dans une exploitation, comme domestiques salariés, un stage destiné à les mettre au courant de nos méthodes de culture et de notre langue. Ces familles sont intitulées : *Apprentis colons partiaires.*

TRÈS IMPORTANT. — Les agriculteurs qui ont des logements suffisants ont intérêt à faire venir des familles plutôt que des ouvriers isolés, car la famille est stable et elle procure de la main-d'œuvre non seulement pour le présent, mais aussi pour l'avenir, en raison du grand nombre d'enfants qu'ont les étrangers.

ANNEXE IV.

MINISTÈRE
DE L'AGRICULTURE

SERVICE
DE LA MAIN-D'ŒUVRE
ET DE
L'IMMIGRATION AGRICOLES.

Téléph. { Ségur 25-00 à 25-03.
{ Littré 06-49.

Adresse télégraphique :
AIDAGRIA-PARIS.

Contrat d'Embauchage
pour
**Ouvrier Agricole ou Forestier
Polonais.**

Catégorie	
N° d'enre-gistrement	

M (1) ....
Profession ....
Demeurant à ....
Commune de ....
Bureau de poste de ....
Département .... Gare de ....
engage par le présent contrat en vue de l'exécution des
travaux ci-après indiqués ....
et *pour une durée de* ....
     Conditions de logement (Mention obligatoire) (3) :
A. — Dans un dortoir.
B. — Dans des chambres aménagées.
     soit dans l'écurie ou l'étable   }   Rayer la
     soit dans un autre local.   }   mention inutile.

M (4) ....
Adresse de l'ouvrier...
Situation de famille (5) ....

ou {
    .... travailleurs hommes.
    .... travailleurs femmes.
    .... ménages.
    .... familles pouvant comprendre chacune ....
          personnes en état de travailler.

---

(1) Indiquer nom et prénoms de l'employeur.
(2) Indiquer la gare du grand réseau la plus rapprochée.
(3) Indiquer l'importance du logement réservé aux familles.
(4) Lignes réservées aux noms et prénoms du ou des ouvriers travaillants.
(5) L'employeur devra indiquer ici s'il s'agit d'un célibataire, homme ou femme ou d'un ménage, avec ou sans enfants, en mentionnant le nombre d'enfants travaillants désirés et le nombre d'enfants non travaillants qu'il peut loger.

Article premier.

L'employeur assurera, à dater du lendemain de leur arrivée et pendant la durée du contrat, un travail continu aux ouvriers faisant l'objet du présent contrat.

Article 2.

L'ouvrier est tenu de se conformer aux ordres qui lui seront donnés pour l'exécution des travaux faisant l'objet du présent contrat, de se conduire correctement à l'égard de l'employeur, de sa famille et des autres ouvriers et de ne troubler en aucune façon l'ordre et la discipline de l'exploitation.

L'employeur est tenu de traiter les ouvriers polonais dans les mêmes conditions que les ouvriers français et de faire tout ce qui dépendra de lui pour faire respecter, le cas échéant, leur dignité personnelle ou nationale.

Article 3.

Le travail sera réglé conformément aux coutumes locales et à la manière dont l'exécutent les ouvriers français de l'exploitation ou, à défaut de la région.

Les interruptions dans le travail pour les repas sont les mêmes que celles accordées aux ouvriers français. A titre d'indication, la durée de ces interruptions est normalement de (1) . . . .

Les travailleurs femmes ne devront pas être employées aux travaux de pansage et de harnachement des chevaux, ni à la conduite des attelages de chevaux et des instruments aratoires pour les travaux de labourage, de hersage et de roulage.

Si, à titre exceptionnel, des femmems demandaient ou acceptaient d'être employées à des travaux de cet ordre, elles recevraient pendant leur durée, un salaire égal à celui des travailleurs hommes accomplissant ces mêmes travaux dans l'exploitation ou dans la région.

Si le patron demande aux ouvriers français un effort supplémentaire, il pourra réclamer des ouvriers polonais un même effort supplémentaire moyennant le payement de la même prime.

Au moment de la fenaison et de la moisson, les ouvriers

---

(1) Cette indication devra obligatoirement être donnée par les employeurs n'utilisant que des ouvriers polonais.

polonais devront travailler le même nombre d'heures
que leurs camarades français. Ils devront, à ces époques,
travailler même le dimanche, mais en cas d'urgence seulement. Ils participeront aux mêmes avantages ou primes
qui seront consentis aux ouvriers français durant ces
saisons.

Les jours de fêtes et les dimanches, les ouvriers polonais devront donner aux animaux de la ferme, les soins
indispensables, à l'exemple des ouvriers français, mais
de telle façon qu'ils soient libres d'assister aux offices
religieux.

A titre de renseignement il est signalé que les dimanches, le Nouvel An, le Lundi de Pâques, l'Ascension, le
Lundi de la Pentecôte, la Fête Nationale française du 14
Juillet, l'Assomption, la Toussaint et la Noël sont jours
chômés et que les autres fêtes sont remises, selon l'usage
aux dimanches suivants. En outre, les ouvriers polonais
jouiront d'un repos d'une demi-journée, la veille de Noël
et d'un repos de l'après-midi, le samedi, veille du dimanche de Pâques.

La calendrier français servira seul à déterminer les
fêtes religieuses chômées.

Article 4.

Les travailleurs polonais recevront, à travail égal, une
rémunération égale à celle des ouvriers français de même
catégorie employés dans l'exploitation, ou, à défaut d'ouvriers français remplissant ces conditions, une rémunération basée sur le taux normal et courant de la région.
L'égalité de traitement s'étend également aux indemnités
s'ajoutant aux salaires, ainsi qu'aux allocations familiales
qui seraient allouées aux travailleurs étrangers remplissant les conditions prévues par le règlement des caisses
d'allocations.

Article 5.

Le salaire mensuel de base est actuellement fixé comme
suit :

1° Avec logement, sans nourriture, sans blanchissage :

Homme : ....

Femme : ....

Jeune homme de 16 à 18 ans : ....

Jeune fille de 16 à 18 ans : ....

Primes ou indemnités éventuelles ; ....

2° Avec la nourriture, le logement et blanchissage, le salaire mensuel comprend :

a. La nourriture et le blanchissage qui sont fournis en nature par l'employeur et représentent une valeur de 210 fr. par mois (somme revisable et à fixer d'après les statistiques officielles).

b. Le salaire argent qui est :

Homme : ....
Femme : ....
Jeune homme de 16 à 18 ans : ....
Jeune fille de 16 à 18 ans ; ....
Primes ou indemnités éventuelles : ....

Au cas où le taux du salaire indiqué ci-dessus serait modifié, pour les ouvriers français travaillant dans la même exploitation pendant la durée du contrat, cette modification serait étendue de plein droit, aux ouvriers faisant l'objet du présent contrat.

L'ignorance de la langue française ne peut servir de motif pour assigner à l'ouvrier polonais, à travail égal, un salaire inférieur à celui alloué aux ouvriers français de même catégorie de l'exploitation, ou, à défaut, de la région.

La nourriture des ouvriers polonais sera la même que celle assurée aux ouvriers français de l'exploitation.

Au cas où les ouvriers polonais embauchés comme devant être nourris ne seraient pas satisfaits de la table commune, ils auront le droit de passer dans la catégorie des ouvriers non nourris, et recevront en outre de leur salaire argent, la somme représentant la valeur de la nourriture, soit 210 francs.

S'il n'est pas fait droit à leur demande dans un délai de 8 jours, ils saisiront de la question les autorités désignées à l'article 16.

Dans le cas d'ouvriers non nourris, l'employeur leur donnera tous renseignements utiles pour les aider à se procurer les denrées alimentaires dans les meilleures conditions d'économie.

Si des enfants de moins de 16 ans veulent travailler, ils pourront le faire aux conditions à débattre entre les parties contractantes, avec le consentement de leurs parents et à condition d'être en règle avec les prescriptions légales concernant les mineurs, notamment en ce qui concerne l'enseignement primaire obligatoire.

Le salaire au mois pourra être transformé après accord entre les parties contractantes, en salaire à la tâche pour tous les travaux qu'on a coutume d'effectuer à la tâche, conformément aux conditions générales prévues à l'article 4.

Les salaires stipulés en argent doivent être payés exclusivement en monnaie française.

ARTICLE 6.

'Les salaires, de même que les primes et les avances consenties sur les salaires, doivent être portés par l'employeur sur un livret de comptes spécial remis au travailleur au moment de la signature du contrat et qui reste entre ses mains pendant toute la durée de l'engagement.

Dans le cas où l'employeur aurait avancé les frais de voyage des membres non travaillants de la famille, ces avances seront portées sur livret de comptes ; seront également portées sur le livret les retenues prévues à l'article 8.

A la fin de chaque mois, les comptes portés sur le livret doivent être arrêtés par l'employeur et être signés par l'ouvrier ou approuvés à l'aide d'un signe identique à celui porté sur le contrat si l'ouvrier est illettré.

Toutes les remarques portées sur le livret par l'employeur devront être paraphés par lui (1).

ARTICLE 7.

L'employeur ne doit, sous aucun prétexte retenir le livret de comptes, de même du reste que les passeports, contrat de travail, carte d'identité, extrait du registre d'immatriculation de l'ouvrier. Il s'exposerait, dans le cas contraire, à une action en justice.

ARTICLE 8.

Les frais de chemin de fer et de bateau, de sélection, d'hébergement, de mise en route et de nourriture des

---

(1) L'employeur s'engage à faciliter l'envoi de fonds à la famille de l'ouvrier qui ne sera pas venue en France avec ce dernier.

ouvriers sont à la charge de l'employeur qui en fait l'avance.

Pour garantir cette avance, contre la rupture injustifiée du contrat par l'ouvrier pendant les premiers mois de son séjour en France, l'employeur aura le droit d'effectuer des retenues sur le salaire, mais seulement jusqu'à concurrence d'une somme totale de 250 francs qui ne devra jamais être dépassée.

Les retenues sont à prélever au moment de chaque paye. Chacune d'elle ne peut excéder $1/10^e$ du salaire remis à l'ouvrier. Si l'ouvrier est nourri, l'employeur effectue la retenue de $1/10^e$ sur le montant du salaire argent augmenté d'une somme de 210 fr. qui représente la valeur de la nourriture fournie mensuellement à l'ouvrier.

Si l'ouvrier accomplit intégralement son contrat, les retenues opérées sur les salaires, soit 250 francs sont restituées au travailleur.

ARTICLE 9.

Seuls, les familles et ménages ont le droit d'exiger un logement à part. Ce logement sera salubre. Les ouvriers et ouvrières célibataires seront logés dans des chambres séparées selon les sexes.

Le patron mettra à la disposition de chacun un lit avec paillasse, traversin, draps et couvertures.

Ils seront chauffés et éclairés dans les mêmes conditions que les travailleurs français.

Si les ouvriers estiment que les conditions de logement ne sont pas conformes aux dispositions du présent article, et s'il n'est pas fait droit à leurs réclamations à ce sujet ils saisiront de la question les autorités désignées à l'article 16.

ARTICLE 10.

Les ouvriers polonais bénéficient, en cas d'accidents du travail, de la législation française.

En cas de maladie légère de l'ouvrier et pendant les sept premiers jours, l'employeur devra lui assurer, en plus du logement et de la nourriture, les soins médicaux et pharmaceutiques.

En cas de maladie grave ou d'une durée supérieure à 7 jours, et si l'ouvrier est indigent, l'employeur devra demander au Maire, ou en cas de difficultés, au Préfet, l'admission à l'assistance médicale gratuite et l'hospitalisation prévue par la convention franco-polonaise du 14 octobre 1920.

Si la maladie n'a pas duré plus de quatre semaines, le contrat de travail reprendra son cours, jusqu'à son expiration normale, après la guérison de l'ouvrier.

En cas de décès, l'employeur aura à s'occuper de l'enterrement de l'ouvrier. Il fera dresser par le Maire l'acte de décès et préviendra immédiatement le Juge de paix en lui fournissant tous les renseignements qu'il possèdera sur le défunt, la famille et la succession, en le priant d'en aviser le Ministère des Affaires étrangères, à Paris. Il remettra au Juge de paix le produit de la succession.

Le Consulat de Pologne adressera, le moment venu au Juge de paix, toutes indications utiles en ce qui concerne la destination à donner aux objets de valeur appartenant au défunt.

ARTICLE 11.

Le contrat peut être résilié par l'employeur :

1° Au cas où l'ouvrier, malgré les observations à lui adressées, persisterait à ne pas se conformer aux obligations de son contrat ;

2° Si sa conduite habituelle est de nature à troubler le bon ordre et la discipline de l'exploitation ;

3° S'il se livrait à des violences ou sévices graves sur la personne de l'employeur, le personnel de l'exploitation et les animaux.

4° Si, atteint d'une maladie contagieuse, il refuse d'aller à l'hôpital.

Dans les deux premiers cas, le contrat ne pourra être résilié qu'après un préavis de 15 jours. Dans les autres cas, la résiliation pourra avoir lieu immédiatement après la constatation prévue à l'article 13.

ARTICLE 12.

Le contrat peut être résilié par l'ouvrier :

1° Si celui-ci est l'objet de violences ou de sévices grave de la part de l'employeur ou de ses préposés et également s'il est l'objet d'une façon courante d'injures verbales. Dans ce cas, le contrat peut être résilié immédiatement après la constatation prévue à l'article 13.

2° Si, malgré ses réclamations, l'employeur refuse de lui remettre ses documents personnels (passeport, contrat de travail, carte d'identité, extrait de registre d'immatriculation) (voir article 7). Dans ce dernier cas le contrat ne pourra être résilié qu'après préavis de 15 jours.

ARTICLE 13.

Dans chacun de cas visés aux articles 11 et 12 le contrat ne pourra être résilié qu'après que l'employeur ou l'ouvrier aura dûment fait constater le fait allégué, soit par le Maire, soit par la gendarmerie, soit par le garde-champêtre, soit par deux personnes honorables, soit par le Ministère de l'Agriculture (Service de la main-d'œuvre et de l'immigration agricoles).

ARTICLE 14.

a. S'il y a résiliation à la suite de l'un des cas visés aux articles 11 et 12 ou rupture de contrat, celui employeur ou ouvrier par la faute duquel le contrat aura été résilié ou rompu, versera à l'autre partie, une indemnité égale à autant de fois trois francs qu'il restera de semaines à courir jusqu'à l'expiration du contrat.

b. En outre, s'il y a résiliation ou rupture par la faute de l'ouvrier, ce dernier devra rembourser la somme de 250 fr. Si des retenues ont déjà été opérées sur le salaire conformément à l'article 8 le total de ces retenues est à déduire de 250 francs.

En vue de permettre le remboursement des sommes restant dues aux termes du paragraphe qui précède l'ouvrier en fait cession à l'employeur par le présent contrat, dans les limites de l'article 62 du Livre Ier du Code de travail.

S'il y a résiliation ou rupture, par la faute de l'employeur, ce dernier devra restituer à l'ouvrier les retenues qui auront été effectuées sur son salaire mensuel.

Les dispositions qui précèdent ne sauraient être interprétées comme conférant à l'employeur ou à l'ouvrier, la faculté de se libérer du contrat en dehors des cas visés aux articles 11 et 12 avant la date prévue. Toute rupture anticipée les exposerait, non seulement au remboursement prévu aux paragraphes a et b du présent article mais encore à tous dommages-intérêts qui pourraient être alloués par les tribunaux.

Article 15.

Indépendamment des dispositions prévues aux articles 11 et 12, le contrat peut être également résilié dans le cas de mort ou de maladie grave d'un conjoint, d'un descendant direct de l'ouvrier, ou si un cas de force majeure l'oblige à retourner dans son pays d'origine, mais il serait tenu d'appuyer sa demande de libération d'un certificat officiel du Consulat de Pologne.

Dans ce cas les retenues opérées sur le salaire restent acquises à l'employeur qui renonce à toute indemnisation complémentaire.

Article 16.

Toutes difficultés pouvant surgir entre l'employeur et les ouvriers signataires du présent contrat seront immédiatement signalées au Ministère de l'Agriculture (Service de la main-d'œuvre et de l'immigration agricoles) section du contentieux, 397 A, rue de Vaugirard, (Porte de Versailles), PARIS, (téléphone : Vaugirard 11-16), soit en langue française, soit en langue polonaise, directement ou par l'intermédiaire des autorités consulaires.

Fait à ....

Signature de l'employeur
ou de son représentant :

Signature de l'ouvrier :

Visa du Ministère
de l'Agriculture :

Paris, le

ANNEXE V.

Salaires minima

La répartition des départements, au point de vue des salaires, a
été effectuée de la façon suivante :

Première classe

Allier	Hérault	Rhône
Alpes (Hautes)	Indre	Saône (Haute)
Alpes-Maritimes	Loiret	Saône-et-Loire
Aveyron	Loir-et-Cher	Seine
Bouches-du-Rhône	Lozère	Seine-Inférieure
Charente-Inférieure	Maine-et-Loire	Seine-et-Oise
Cher	Marne (Haute)	Var
Corse	Nièvre	Vaucluse
Deux-Sèvres	Nord	Vendée
Drôme	Puy-de-Dôme	Vienne
Gers	Pyrénées-Orientales	Yonne

Deuxième classe

Ain	Gard	Pas-de-Calais
Aisne	Ille-et-Vilaine	Rhin (Bas)
Ardennes	Indre-et-Loire	Rhin (Haut)
Aube	Loire	Sarthe
Aude	Loire-Inférieure	Savoie
Belfort	Lot	Savoie (Haute)
Cantal	Manche	Seine-et-Marne
Charente	Marne	Somme
Côte-d'Or	Meurthe-et-Moselle	Tarn
Creuse	Meuse	Tarn-et-Garonne
Eure	Moselle	Vienne (Haute)
Eure-et-Loir	Morbihan	
Finistère	Oise	

Troisième classe

Alpes (Basses)	Doubs	Lot-et-Garonne
Ardèche	Garonne (Haute)	Mayenne
Ariège	Gironde	Orne
Calvados	Isère	Pyrénées (Basses)
Corrèze	Jura	Pyrénées (Hautes)
Côte-du-Nord	Landes	Vosges.
Dordogne	Loire (Haute)	

| | AU MOIS | | | | | |
| | 1re classe | | 2me classe | | 3me classe | |
	Nourris	Non nourris	Nourris	Non nourris	Nourris	Non nourris
A. Vacher B. Bouvier C. Charretier D. Berger E. Jardinier	350	550	325	525	300	500
H. Homme à toutes mains à l'année (Pour les travaux de saison avec contrat de moins de 12 mois demander des saisonniers, catégorie P et R.	300	525	275	500	250	450
V. Vachère sachant traire 10 vaches	240	450	230	440	220	430
T. Bonne de ferme sachant traire 5 vaches	220	425	200	420	190	400
X. Bonne de ferme ne sachant pas traire	200	400	185	400	170	380
O. Bûcherons	»	600	»	600	»	600
M. Charbonniers	»	625	»	625	»	625
	(ou salaire à la tâche permettant d'atteindre cette rémunération. Indiquer les tarifs sur le contrat).					
P. Betteraviers (binage, arrachage chargement)	A la tâche (indiquer les tarifs sur le contrat et entre temps à la journée au prix de :					
	14	21	13	20	11	18
ZP. Chef d'équipe betteravier	Mêmes salaires plus primes fixes de 50 fr. par mois en tous temps.					
R. Saisonniers pour foins et moissons	A la tâche (indiquer les tarifs sur le contrat et entre temps à la journée au prix de :					
	14	21	13	20	11	18
ZR. Chef d'équipe pour foins et moissons.	Mêmes salaires plus primes fixes de 50 fr. par mois en tous temps.					

BIBLIOGRAPHIE

1. Ouvrages et périodiques polonais.

Dr. WEINFELD, *Tablice statystyczne Polski*, Warszawa.

Dr. SZAWLESKI M., *Kwestja emigracji w Polsce*, Warszawa, 1927.

LUDKIEWICZ Z., *Kwestja rolna w Galicji*, Lwow, 1910.

LUDKIEWICZ Z., *Warunki emigracji rolnej do Francji*, Warszawa, 1929.

IWANOWSKI S. i. Mamrot K., *Prawo o emigracji w Polsce*, Warszawa, 1929.

SEKRETARJAT POLSKI przy C. G. T., *Zbior ustaw*, Paris, 1927.

GRABSKI W., *Spoleczne gospodarstwo agrarne w Polsce*, Warszawa, 1923.

ZALECKI G., *Polska polityka kolonjalna i Kolonizacyjna*, Warszawa, 1925.

DMOWSKI R., *Wychodztwo i osadnictwo*, Lwow, 1900.

PAPIESKI Z., *Emigracja i Kolonizacja*, Warszawa, 1918.

KEMPNER, *Dzieje gospodarcze Polski porozbiorowej*, Warszawa, 1922.

OKOLOWICZ J., *Wychodztwo i osadnictwo polskie przed wojna swiatowa*, Warszawa, 1920.

Dr. ROZWADOWSKI J., *Emigracja polska we Francji*, La Madeleine -lez-Lille, 1927.

LUDKIEWICZ Z., *Ustawa o wykonaniu reformy rolnej*, w czasop. Ruch, Warszawa, 1925.

BRZESKI, *Walka o reforme rolna*, Ruch, Warszawa, 1926.

Roczniki Statystyczne Polski, Warszawa.

Roczniki Statystyczne Gornoslaskiego Zwiazku Przemyslowcow w Katowicach.

Dziennik Ustaw R. P., Warszawa.

Biuletyn Urzedu Emigracyjnego, Warszawa.

Przeglad Emigracyjny, Warszawa.

Kwartalnik Naukowego Instytutu Emigracyjnego, Warszawa.

Wychodzca, Warszawa.

Wiesci z Polski, Warszawa.

2. Ouvrages et périodiques français.

RIPERT H., *Le contrat de travail de la Main-d'œuvre étrangère en France,* Marseille, 1921.

RAFLIN N., *Le placement et l'Immigration des ouvriers agricoles polonais en France,* Paris, 1911.

MINISTÈRE DE L'AGRICULTURE, *Statistiques de l'Immigration de 1918 à 1926,* Paris, 1927.

SOCIÉTÉ DES AGRICULTEURS DE FRANCE, *Comptes-rendu des sessions générales annuelles.*

NOGARO B. et WEIL L., *La Main-d'œuvre Etrangère et Coloniale pendant la guerre,* Paris, 1926.

AUBURTIN F., *La natalité,* Paris.

Dr. BERTILLON J., *La dépopulation de la France,* Paris.

BUREAU P., *L'indiscipline des mœurs,* Paris ,1924.

VERDIER J., *Le problème de la natalité et la moralité chrétienne,* Paris, 1917.

GIDE Ch., *La France sans enfants,* Paris, 1914.

GIBIER Mgr., *Nos plaies sociales,* Paris, 1903.

OUALID W., *Aspect juridique de l'Immigration ouvrière,* Paris, 1922.

OUALID W., *L'immigration ouvrière en France,* Paris, 1927.

PAON M., *L'immigration en France,* Paris, 1926.

Dr. MARTIAL R., *La greffe interraciale et l'immigration dans l'Agriculture,* Paris, 1928.

LAMBERT Ch., *La France et les Etrangers,* Paris, 1928.

FAGUOT F., *Le problème de la Main-d'œuvre étrangère,* Paris, 1924.

PASQUET L., *Immigration et Main-d'œuvre étrangère en France,* Paris, 1927.

PAIRAULT A., *L'immigration organisée et l'emploi de la main-d'œuvre étrangère en France,* Paris, 1927.

RODET Y., *L'immigration des travailleurs étrangers en France,* Paris, 1924.

BRYAS M., *Les peuples en marche. Les migrations politiques et économiques depuis la guerre mondiale*, Paris, 1926.

SOUCHON A., *La crise de la main-d'œuvre agricole en France*, Paris, 1914.

BONNET H., *Compte-rendu du Congrès des Associations agricoles des Régions dévastées*, 1923.

COUZINET, *La Main-d'œuvre agricole dans la région du Sud-Ouest*. Bulletin de l'Assemblée régionale, 1924.

Dr. KACZMAREK C., *L'émigration polonaise en France après la guerre*, Paris, 1928.

MERLOT A., *La Pologne, t. III du Guide du Commerce mondial*, Paris, 1928.

MIRKINE-GUETZEVITCH B. et TIBAL A., *La Pologne, documents de politique contemporaine*, Paris, 1930.

Dr. PALEWSKI J., *L'immigration en France depuis la guerre de la main-d'œuvre étrangère au point de vue international*, Paris, 1928.

BARET-FORLIÈRE, *Notre sœur, la Pologne*, Paris, 1928.

SMOGORZEWSKI Casimir, *La Pologne restaurée*, Paris, 1927.

BERNARD L., *Le problème sanitaire de l'Immigration, Revue d'Hygiène*, Paris, 1925.

POUILLOT P., *Le débauchage de la Main-d'œuvre étrangère*, Conférence Paris, 1925.

BLANCHARD, *La Main-d'œuvre étrangère dans l'Agriculture française*, Aix, 1913.

CHASSEVENT L., *Appel à la Main-d'œuvre étrangère pour l'Agriculture Française*, Paris 1919.

Le Problème de la Terre dans l'Economie Nationale. — Compte-rendu de Semaine sociale, Paris, 1924.

MAUCO G., *Les étrangers dans les campagnes françaises. — Annales de Géographie*, Paris, 1926.

FOURNOUX G., *La Main-d'œuvre agricole étrangère dans le Nord. — Rapport au 5e Congrès de la Natalité*, Marseille 1925.

ROUSSEAU J.-J., *Emile*.

ACTION POPULAIRE, *Année Sociale Internationale*, Paris, 1912.

BOISSARD A., *Le problème de la Main-d'œuvre agricole*, Paris, 1924.

Dossiers de l'Action Populaire : Nº du 15-IX-1925, *Pour les ouvriers agricoles polonais de la Somme* ; *L'Opieka Polska d'Amiens* ; Nº du 25-X-1925, *Un noyau polonais dans une commune rurale de l'Aisne* ; Nº du 25-III-1926, *l'Immigration agricole dans le département de l'Aisne*.

Lettre des Cardinaux, Archevêques et Evêques de France aux catholiques français, Paris, 1919.

L'Illustration économique et financière, Nº spécial, *la Pologne du 27-X-1928*, Paris.

La Vie Technique, Industrielle, Agricole et Coloniale, Nº spécial *la Pologne*, Paris, 1929.

Annuaire International de Statistique Agricole, Genève.

Bulletin de l'Office Central de la Main-d'œuvre agricole, Paris.

La Main-d'œuvre agricole, Revue mensuelle, Paris.

Le Musée social, Revue mensuelle, Paris.

La Pologne politique, économique, littéraire et artistique, Revue, Paris.

Revue de l'Immigration, Paris.

L'Information sociale, hebdomadaire, Paris.

Les Amis de la Pologne, Revue mensuelle, Paris.

L'Etranger Catholique, Revue bi-mensuelle, Paris.

TABLE DES MATIÈRES

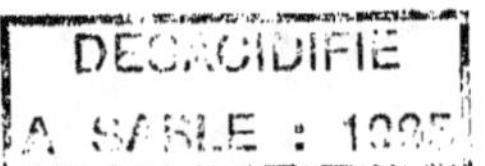

CHAPITRE V.

La vie religieuse de l'Emigration polonaise agricole en France.

Amiens. — Imp. Yvert et Cie